Band 20 · Dezember 1984 **12**

isotopenpraxis

AKADEMIE-VERLAG

ISSN 0021-1915 Isotopenpraxis, Berlin 20 (1984) 12, 437-464

EVP 9,- M

An unsere Autoren

Die Zeitschrift veröffentlicht Beiträge zu folgenden Themen: Kontrolle und Analyse radioaktiver und stabiler Isotope, Anwendung radioaktiver und stabiler Isotope in allen Gebieten der Forschung und Technik, der Industrie, Landwirtschaft und Medizin, Herstellung radioaktiver und stabiler Isotope sowie von markierten Verbindungen, kernelektronische Geräte für die Isotopenanwendung (Dickenmesser, Dichtemesser u. ä.) Detektoren für isotopentechnische Arbeiten und den Strahlenschutz in Isotopenlaboratorien, Meßtechnik und Strahlenschutz, Dosimetrie in Isotopenlaboratorien, kerntechnische Geräte für die Isotopenanwendung (Beton, Bestrahlungsanlagen u. ä.), Strahlenchemie, Radiochemie, ökonomische und perspektivische Fragen, Fragen der Weiterbildung.

1. Aufnahme von Manuskripten

Zur Veröffentlichung angenommen werden nur druckreife, noch nicht anderweitig publizierte Beiträge in deutscher, englischer oder russischer Sprache zum Themenbereich der Zeitschrift und zwar

- Originalarbeiten
- Kurze Mitteilungen
- Aus der Praxis
- Zusammenfassende Berichte
- Tagungsberichte
- Informationen.

Sind der Beitrag oder Teile daraus bereits veröffentlicht oder ist eine anderweitige Veröffentlichung vorgesehen, so muß dies der Redaktion mit genauer Angabe der Zweitveröffentlichung mitgeteilt werden. Mit der Annahme des Manuskriptes behält sich der Verlag das Recht der Vervielfältigung, Verbreitung und Übersetzung innerhalb der gesetzlichen Schutzfrist vor. Auszugsweiser Nachdruck oder photomechanische u. a. Wiedergabe sind an eine schriftliche Genehmigung des Verlages gebunden. Manuskripte, Zeichnungen und Photos von veröffentlichten Arbeiten werden nur auf den besonderen und bis zum Zeitpunkt der Veröffentlichung mitgeteilten Wunsch des Autors zurückgesandt.

Bei der unverlangten Einreichung von Manuskripten wird empfohlen, eine Befürwortung eines der Herausgeber oder Redaktionsausschußmitglieder beizufügen.

Manuskripte sind einzureichen bei der Redaktion, 1086 Berlin, Leipziger Str. 3–4.

2. Form der Manuskripte

Die Autoren werden gebeten:

2 Manuskripte, eines davon in Original-Maschinenschrift, einseitig und mit 2zeiligem Abstand einzureichen; gut leserliche Photokopien sind zulässig; auf dem 1. Blatt (unter Weglassung der Bezeichnung)

- den Titel der Arbeit
- Vorname-Initialen und Namen sämtlicher Autoren
- gegebenenfalls die Institution, in der sie tätig sind
- eine kurze Zusammenfassung der Arbeit von höchstens 15 Zeilen
- Keywords in alphabetischer Reihenfolge und
- als Fußnote die Anschrift der Institution anzugeben;

wenn möglich, auf gesonderten Blättern Namen, Titel der Arbeit und Zusammenfassung in den beiden anderen obengenannten Sprachen 2fach beizufügen;

Literaturhinweise (fortlaufend numeriert), Fußnoten, Tabellen, Abbildungen (in 2–3facher Veröffentlichungsgröße), Abbildungsunterschriften (getrennt von den Abbildungen mit Zeichenerklärungen, Quellenangaben, falls erforderlich, und gegebenenfalls mit einem Vermerk für besondere Wünsche bezüglich der Abbildungsgröße), private und Dienstanschrift der Verfasser mit akademischen Titeln und ausgeschriebenen Vornamen auf besonderen Blättern ans Ende des Manuskriptes zu stellen;

Wünsche für den Kolumnentitel (Seitenüberschrift) bekanntzugeben;

Absätze durch Einzüge von mindestens 3 Anschlägen kenntlich zu machen;

die Maßeinheiten des SI-Systems („Systeme International") zu verwenden;

Korrekturen im Manuskript unmittelbar an der zu korrigierenden Stelle anzubringen;

Formeln deutlich lesbar und möglichst groß einzutragen;

Farbabbildungen und nachträgliche Änderungen oder Ergänzungen in Abbildungen zu vermeiden;

hervorzuhebende Textstellen zu unterstreichen, und zwar halbfetten Satz mit einer geraden schwarzen Linie, kursiven Satz (Schrägschrift) mit einer blauen Wellenlinie (alle Eigennamen). Sperrungen gestrichelt;

besondere Buchstaben durch farbige Unterstreichung zu kennzeichnen, und zwar Formelzeichen in

- Griechisch-Kursiv (α, β, ...) rot,
- Kursiv (A, B, ...) blau
- halbfetter Kursiv ($\boldsymbol{A}$, $\boldsymbol{B}$, ...) 2 Linien blau (Vektoren),
- halbfetter Grotesk (**A**, **B**, ...) 2 Linien violett (Tensoren);

bei Literaturangaben auf Vollständigkeit zu achten. In nachstehender Reihenfolge müssen angegeben sein:

a) bei *Zeitschriften*: Vorname-Initialen und Namen sämtlicher Autoren, Titel der Zeitschrift (nach „Periodica Chimica" oder möglichst wenig gekürzt), Bandnummer (unterstrichen), Jahreszahl (in Klammern), Heftnummer (nur bei Zeitschriften, die jedes Heft mit S. 1 beginnen) sowie die Seitenzahl, auf der die zitierte Arbeit beginnt.

b) bei *Büchern*: Initialen der Vornamen und Name des Autors (Herausgeber werden durch den Zusatz „ed." gekennzeichnet), voll ausgeschriebener Titel des Buches in der Originalsprache, evtl. Bandnummer, voll ausgeschriebener Name des Verlages, Nummer der Auflage (außer der ersten), Erscheinungsort(e), Erscheinungsjahr (hier nicht in Klammern setzen!) und evtl. Kapitelnummer, Seitenzahl u. ä.

c) bei *Sammelbänden, Tagungsberichten*: Es soll zusätzlich der Titel des zitierten Beitrags angegeben werden. Die Seitenzahl muß unbedingt angegeben werden. Aus dem Zitat muß hervorgehen, ob es sich um einen Tagungssammelband oder um einen noch nicht veröffentlichten Vortrag handelt. Zwischen Tagungsort und Erscheinungsort des entsprechenden Tagungsberichts ist zu unterscheiden.

3. Korrekturen

Der Autor erhält zwei Umbruchabzüge, von denen einer möglichst schnell korrigiert an die Redaktion zurückgereicht werden soll. Auf Wunsch des Autors kann die Korrektur auch von der Redaktion gelesen werden.

Durch nachträgliche Manuskriptänderungen verursachte Korrekturkosten gehen, sofern sie 10% der Satzkosten übersteigen, zu Lasten des Autors.

Der Autor erhält 50 Sonderdrucke kostenlos. Weitere Sonderdrucke können bis zur Rückgabe der Korrekturabzüge auf Kosten des Autors bei der Redaktion bestellt werden

Bezugsmöglichkeiten

Bestellungen sind zu richten

- in der DDR an den Postzeitungsvertrieb unter Angabe der Kundennummer des Bestellenden oder an den AKADEMIE-VERLAG, DDR-1086 Berlin, Leipziger Straße 3–4, PF-Nr. 1233;
- im sozialistischen Ausland an eine Buchhandlung für fremdsprachige Literatur oder an den zuständigen Postzeitungsvertrieb;
- in der BRD und Berlin(West) an eine Buchhandlung oder an die Auslieferungsstelle KUNST UND WISSEN, Erich Bieber OHG, Wilhelmstraße 4–6, D-7000 Stuttgart 1;
- in den übrigen westeuropäischen Ländern an eine Buchhandlung oder an die Auslieferungsstelle KUNST UND WISSEN, Erich Bieber GmbH, Dufourstraße 51, CH-8008 Zürich;
- im übrigen Ausland an den Internationalen Buch- und Zeitschriftenhandel; den Buchexport, Volkseigener Außenhandelsbetrieb der Deutschen Demokratischen Republik, DDR-7010 Leipzig, Postfach 160; oder an den AKADEMIE-VERLAG, DDR-1086 Berlin, Leipziger Straße 3–4.

Zeitschrift „Isotopenpraxis"

Herausgeber: Im Auftrag des Akademie-Verlages herausgegeben von Prof. Dr. Justus Mühlenpfordt.
Verlag: Akademie-Verlag, DDR-1086 Berlin, Leipziger Straße 3–4, PF-Nr. 1233; Fernruf: 2236229; Telex-Nr.. 114420;
Bank: Staatsbank der DDR, Berlin, Kto.-Nr.: 6836-26-20712.
Verantwortlich für den Inhalt des Heftes: Prof. Dr. H. Hübner, Leipzig.
Anschrift der Redaktion (Fernruf Frau H. Schier: 6351177) der Zeitschrift Isotopenpraxis: Akademie-Verlag, DDR-1086 Berlin, Leipziger Str. 3–4, PF-Nr. 1233
Veröffentlicht unter der Lizenznummer 1527 des Presseamtes beim Vorsitzenden des Ministerrates der Deutschen Demokratischen Republik.
Gesamtherstellung: VEB Druckerei „Thomas Müntzer", DDR-5820 Bad Langensalza.
Erscheinungsweise: Die Zeitschrift „Isotopenpraxis" erscheint monatlich. Die 12 Hefte eines Jahrganges bilden einen Band. Bezugspreis je Band 216,— M zuzüglich Versandspesen Preis je Heft 18,— M.
Bestellnummer dieses Heftes: 1079/20/12.

AN (EDV) 12831

Isotopenpraxis 20 (1984) 12, S. 437 bis 439

Reduzierte Zustandssummenverhältnisse isotoper Moleküle auf quantenchemischer Grundlage
V. Mitt. MNDO-MO-Berechnungen zur $^{28}Si/^{30}Si$-, $^{32}S/^{34}S$- und $^{35}Cl/^{37}Cl$-Substitution

G. Hanschmann

(Forschungsstelle für chemische Toxikologie der AdW der DDR)[1]

Anhand der graphischen Darstellung ihrer Temperaturabhängigkeit werden reduzierte Zustandssummenverhältnisse von 32 Verbindungen mit 3d-Elementen untereinander verglichen. Es wird dabei die Allgemeingültigkeit der Korrelationen der Zustandssummenverhältnisse mit Strukturmerkmalen der betreffenden Moleküle (Kraftkonstanten, Molekülgröße, Ladungsverteilung) deutlich. Damit ergeben sich Möglichkeiten zur qualitativen Abschätzung von Isotopieeffekten.

Reduced partition function ratios of 32 compounds containing 3d-elements are mutually compared by means of graphs of their temperature dependence. At this the universality of the correlations of the partition function ratios with molecular structural characteristics (force constants, size, charge distribution) has been obvious. Through it the possibility arises for qualitative estimations of isotope effects.

Keywords

calculations; chlorine 37; isotope effects; partition functions; quantum mechanics; silicon 30; stable isotopes; statistical mechanics; sulfur 34

1. Einleitung

Infolge der geringen prozentualen Unterschiede in den Isotopenmassen der Elemente der zweiten Achterperiode (3d-Elemente) ergeben sich sehr kleine Isotopieeffekte bei entsprechend isotop substituierten Verbindungen. Das führt bei experimentellen Untersuchungen zu außerordentlichen Schwierigkeiten. Verstärkt gilt dies für solche Untersuchungsobjekte, bei denen es sich — wie z. B. im Falle der Silikate — um komplexe Festkörperstrukturen handelt. Hier kommt einer theoretischen Behandlung zweifellos eine besondere Bedeutung zu. In bezug auf die statistisch-thermodynamische Berechnung von Zustandssummenverhältnissen derartiger Systeme besteht jedoch noch das zusätzliche Problem der eindeutigen Zuordnung (experimentell bestimmter) Molekülschwingungsfrequenzen. Ein möglicher Ausweg aus dieser komplizierten Situation ist in der Anwendung von — durch die Entwicklung der modernen Rechentechnik zunehmend in immer breiterem Maße verfügbaren — quantenchemischen Verfahren zu sehen.

Die im Rahmen der vorliegenden Untersuchungen durchgeführten semiempirischen MO-Berechnungen (vgl. [1]) tragen zwar einen erheblichen Näherungscharakter [2] und beziehen sich strenggenommen auf den idealen Gaszustand, d. h., es handelt sich um Rechnungen am Einzelmolekül, trotzdem lassen sich daraus allgemeine Zusammenhänge zwischen der chemischen Struktur einer Verbindung und dessen Zustandssummenverhältnis bei isotoper Substitution ableiten (vgl. [3—5]) und als Grundlage für die Diskussion von Isotopieeffekten bei komplexen Systemen verwenden. In dieser Mitteilung werden diesbezügliche Ergebnisse für den Fall der isotopen Substitution der 3d-Elemente Silizium, Schwefel und Chlor vorgestellt.

[1]) Anschrift: DDR-7050 Leipzig, Permoserstr. 15

2. Ergebnisse

Abb. 1 zeigt die Abhängigkeit der reduzierten ($^{30}Si/^{28}Si$)-Zustandssummenverhältnisse — d. h. der (σ_2/σ_1)-f-Werte [1] — zweiatomiger Siliziumverbindungen von der Stellung des Bindungspartners des Siliziums im Periodensystem der Elemente. Die Reihenfolge der (σ_2/σ_1)-f-Werte von SiC, SiN und SiO entspricht dem Gang der Kraftkonstanten (vgl. [3]). Für die deutliche Verminderung des reduzierten Zustandssummenverhältnisses beim SiH ist hauptsächlich die geringe reduzierte Masse der Molekel verantwortlich, woraus eine sehr kleine isotope Frequenzverschiebung resultiert.

Eine analoge Interpretation gilt für Abb. 2, wobei der höhere (σ_2/σ_1)-f-Wert der Orthokieselsäure im Vergleich zum Anion außer durch höhere Kraftkonstanten noch durch die größere Zahl an Schwingungsfreiheitsgraden für das Silizium (*Waldmann*sche Regel) bedingt ist (vgl. [3]).

Bei den Silizium-Sauerstoff-Verbindungen (Abb. 3) kommt für die Erklärung der Abstufungen in den reduzierten Zustandssummenverhältnissen in erster Linie die *Waldmann*sche Regel in Betracht. Besonders bei den komplexen Silikatanionen spielen die Kopplungsverhältnisse der Molekülschwingungen eine wesentliche Rolle. Die untersuchten Spezies enthalten zwar als Grundbaustein stets SiO_4-Tetraeder, diese sind aber in sehr unterschiedliche Strukturen eingebunden, so daß Voraussagen über die zu erwartende Reihenfolge der (σ_2/σ_1)-f-Werte

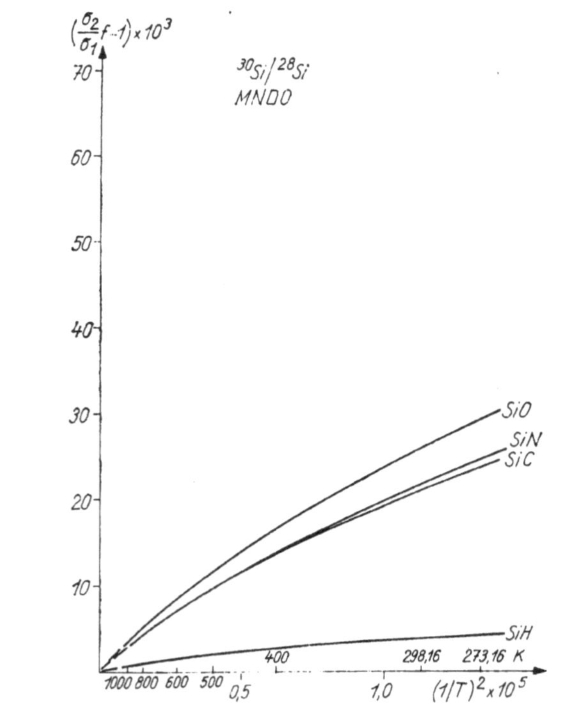

Abb. 1. Temperaturabhängigkeit der reduzierten ($^{30}Si/^{28}Si$)-Zustandssummenverhältnisse von zweiatomigen Siliziumverbindungen

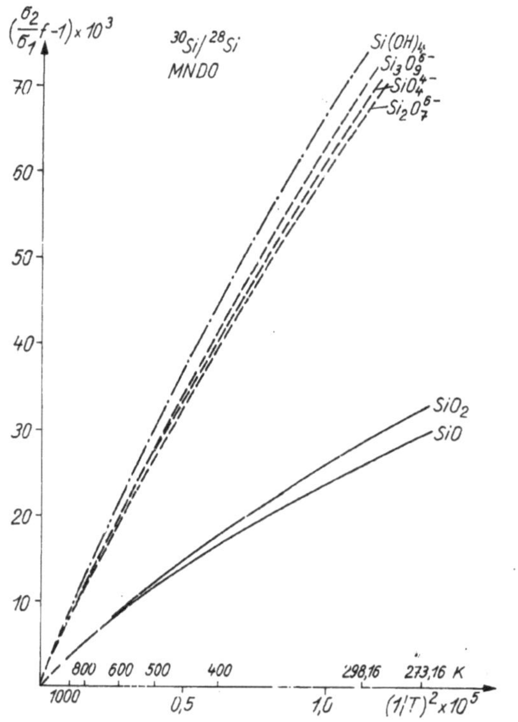

Abb. 3. Temperaturabhängigkeit der reduzierten ($^{30}Si/^{28}Si$)-Zustandssummenverhältnisse von Silizium-Sauerstoff-Verbindungen

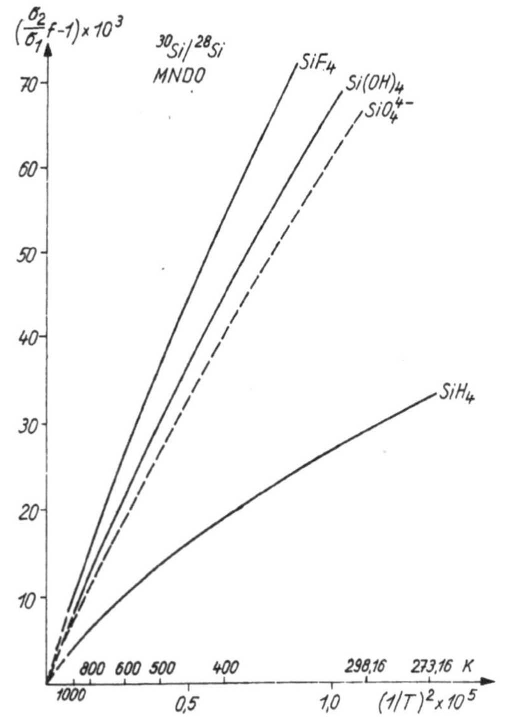

Abb. 2. Temperaturabhängigkeit der reduzierten ($^{30}Si/^{28}Si$)-Zustandssummenverhältnisse von tetraedrischen Siliziumverbindungen

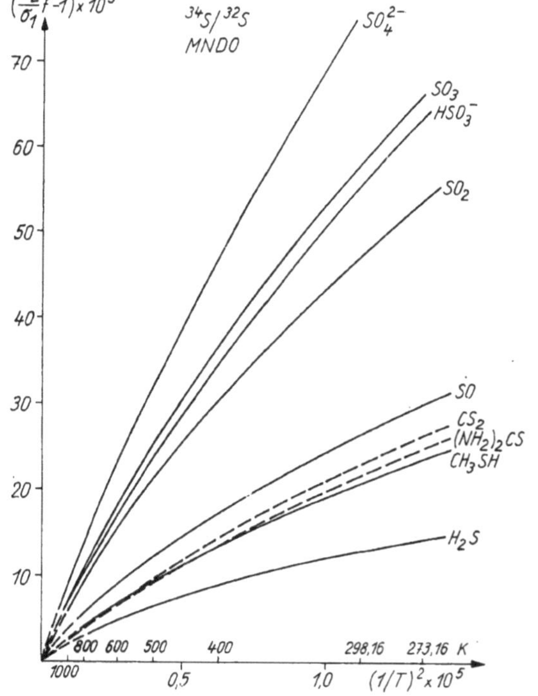

Abb. 4. Temperaturabhängigkeit der reduzierten ($^{34}S/^{32}S$)-Zustandssummenverhältnisse verschiedener Schwefelverbindungen

ohne konkrete Berechnungen kaum möglich sind. Mit Hilfe der Ergebnisse diesbezüglicher Berechnungen lassen sich dann letztendlich auch Abschätzungen über Isotopieeffekte bei ausgedehnten Silikatstrukturen durchführen [6].

In [1] wurde darauf hingewiesen, daß die MO-Berechnungen von Verbindungen mit Elementen der zweiten Achterperiode bei expliziter Vernachlässigung der 3d-Elektronen mit zusätzlichen Unsicherheiten behaftet sind. Insbesondere werden die Kraftkonstanten und damit die Zustandssummenverhältnisse von Verbindungen der 3d-Elemente mit Sauerstoff wesentlich zu niedrig berechnet. Diese Einschränkung der Brauchbarkeit solcher Berechnungen gilt zunehmend in der Reihe Si/S/Cl. Jedoch werden in allen untersuchten Fällen qualitativ richtige Abstufungen für die (σ_2/σ_1)-f-Werte bei strukturellen Veränderungen der Umgebung des isotop substituierten Atoms berechnet.

In Abb. 4 sind einige Beispiele für die ($^{32}S/^{34}S$)-Substitution zusammengestellt. Die Erhöhung des reduzierten Zustandssummenverhältnisses beim Ersatz von Wasserstoff durch die Methylgruppe (H_2S/CH_3SH) entspricht der *Waldmann*schen Regel, während die höheren (σ_2/σ_1)-f-Werte für das Verbindungspaar $(NH_2)_2CS/CS_2$ den entsprechend erhöhten CS-Kraftkonstanten zuzuschreiben sind. Bei den Schwefel-Sauerstoff-Verbindungen wirken die beiden Faktoren, die in der Hauptsache für die Größe der Zustandssummenverhältnisse verantwortlich sind, nämlich einmal der elektronische Effekt (Kraftkonstanten) und zum anderen der Einfluß der Molekülgröße (Zahl der Freiheitsgrade), im gleichen Sinne, wodurch es auch zu einer besonders deutlichen Abstufung der (σ_2/σ_1)-f-Werte kommt.

Bei den chlorhaltigen Verbindungen (Abb. 5) sind im Falle des endständigen Chlors die (σ_2/σ_1)-f-Werte ohne genauere Kenntnis der Bindungsverhältnisse (Kraftkonstanten, Schwingungskopplung) nur schwer zu interpretieren. Der auffallend niedrige (σ_2/σ_1)-f-Wert für HCl erklärt sich zunächst analog zum SiH aus der geringen reduzierten Masse. Die jeweilige Gleichheit der reduzierten Zustandssummenverhältnisse in den Molekülpaaren ClNO/$ClNO_2$ bzw. $Cl_2/ClCH_2COOH$ ist in der gegenläufigen Wirksamkeit der „Kraftkonstanten-Regel" und der *Waldmann*schen Regel begründet, d. h., im ersten Fall besitzt das ClNO die größere Kraftkonstante für die (Cl-Rest)-Bindung und im zweiten Fall das Cl_2. Die Erhöhung der (σ_2/σ_1)-f-Werte beim Wechsel vom ersten Molekülpaar zum zweiten kann für das Chlormolekül durch den Anstieg der Kraftkonstante und für die Monochloressigsäure durch die Molekülgröße erklärt werden. Die Chlor-Sauerstoff-Verbindungen zeigen den bekannten Trend der reduzierten Zustandssummenverhältnisse bei steigender Oxydationszahl des Chlors [7]. Damit im Zusammenhang steht zweifellos auch die in den früheren Mitteilungen [3—5] diskutierte Ladungsabhängigkeit der (σ_2/σ_1)-f-Werte, für die sich im Falle der 3d-Elemente ebenfalls entsprechende Beispiele angeben lassen (Abb. 6).

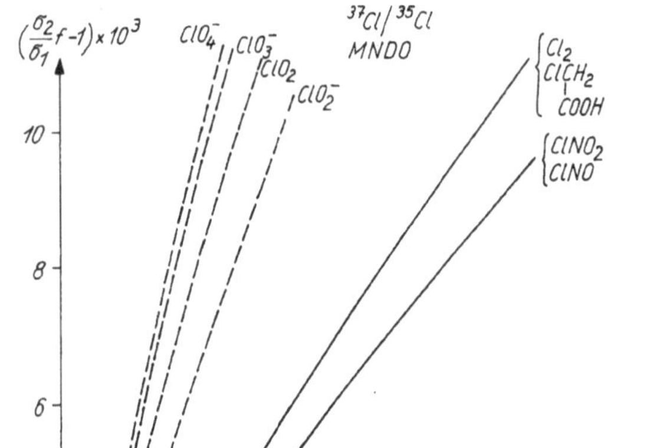

Abb. 5. Temperaturabhängigkeit der reduzierten ($^{37}Cl/^{35}Cl$)-Zustandssummenverhältnisse verschiedener chlorhaltiger Verbindungen

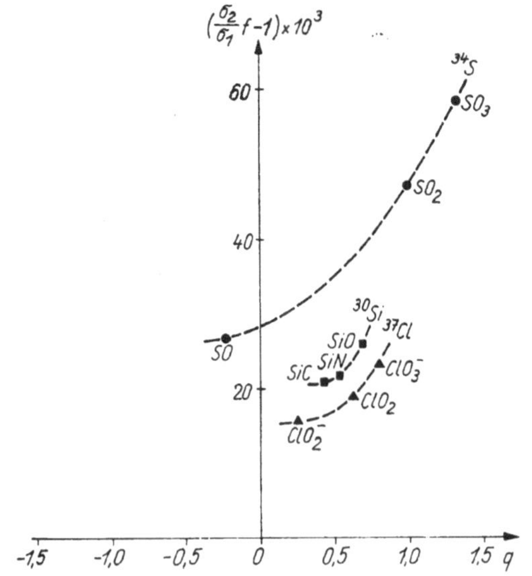

Abb. 6. Beziehung zwischen (σ_2/σ_1)-f-Wert (300 K) und Nettoladung (MNDO) am isotop substituierten Atom (^{30}Si, ^{34}S bzw. ^{37}Cl)

Die Ergebnisse des Vergleichs der reduzierten Zustandssummenverhältnisse (Mitt. I—V) lassen sich folgendermaßen zusammenfassen:

— Die bereits früher gefundene empirische Beziehung für die periodische Abhängigkeit der reduzierten Zustandssummenverhältnisse monovalenter zweiatomiger Moleküle von der Atomnummer [8] wird von den quantenchemischen Berechnungen richtig widergespiegelt.

— Die entsprechende Korrelation der (σ_2/σ_1)-f-Werte mit den Kraftkonstanten läßt sich auch für vielatomige Moleküle sinngemäß anwenden. Hier kommt jedoch infolge der gegenseitigen Beeinflussung von Molekülteilen (Schwingungskopplung) noch ein statistischer Faktor (*Waldmann*sche Regel) hinzu [3].

— Durch die quantenchemische Behandlung werden über das bisher Bekannte hinaus weiterreichende Zusammenhänge — z. B. mit der Elektronenstruktur der betreffenden Moleküle — sichtbar [4].

— Die durchgeführten Berechnungen weisen darauf hin, daß die gefundenen Regeln für beliebige Isotopensubstitutionen gelten.

— Damit lassen sich bei geeigneter Zusammenstellung von Molekülreihen Trends in den reduzierten Zustandssummenverhältnissen (und somit auch in den zu erwartenden Isotopieeffekten) mit Hilfe von relativ wenigen allgemeinen Gesetzmäßigkeiten abschätzen [5].

Eingegangen am 23. 11. 1983

Literatur

[1] *G. Hanschmann*, Isotopenpraxis 18 (1982) 203

[2] *M. Scholz, H.-J. Köhler*, Quantenchemische Näherungsverfahren und ihre Anwendung in der organischen Chemie. Berlin: VEB Dt. Verl. d. Wiss. 1981

[3] *G. Hanschmann*, Isotopenpraxis 20 (1984) 161

[4] *G. Hanschmann*, Isotopenpraxis ibid. 165

[5] *G. Hanschmann*, Isotopenpraxis ibid. 169

[6] *G. Christoph*, Isotopenpraxis 18 (1982) 176

[7] *G. Vojta*, Theorie der thermodynamischen Isotopieeffekte, Lehrbuch der Kernphysik, Hrsg. *G. Hertz*, Bd. III. Leipzig: B. G. Teubner 1962, S. 88

[8] *A. I. Rozen, A. I. Michajlenko*, Dokl. Akad. Nauk SSSR 148 (1963) 1133

Isotopenpraxis **20** (1984) 12, S. 440 bis 442

Reduzierte Zustandssummenverhältnisse isotoper Moleküle auf quantenchemischer Grundlage VI. Mitt. MINDO/3-MO-Berechnungen von Radikalkationen

G. Hanschmann

(Forschungsstelle für chemische Toxikologie der AdW der DDR)[1])

Anhand der graphischen Darstellung ihrer Temperaturabhängigkeit werden die reduzierten (D/H)- und ($^{13}C/^{12}C$)-Zustandssummenverhältnisse von Pentan, Cyclohexan und Cyclohexen mit denen der entsprechenden Radikalkationen verglichen. Die Werte für die Radikalkationen liegen generell niedriger als für die neutralen Moleküle und zeigen in einigen Fällen eine stärkere strukturell bedingte Differenzierung.

The reduced partition function ratios concerning the H/D- and $^{12}C/^{13}C$-substitutions of pentane, cyclohexane, and cyclohexene are compared with those of the corresponding radical cations by means of graphs of their temperature dependence. The values for the radical cations are generally lower than for neutral molecules and show in some cases greater differences for structurally different positions of isotopic substitution.

Keywords

calculations; carbon 13; deuterium; isotope effects; partition functions; quantum mechanics; radical cations; stable isotopes; statistical mechanics

1. Einleitung

Mit Hilfe der semiempirischen quantenchemischen Verfahren MINDO/3 und MNDO lassen sich in relativ kurzer Zeit ausgedehnte vergleichende Berechnungen reduzierter Zustandssummenverhältnisse durchführen [1] und zur Ermittlung von Struktur-Isotopieeffekt-Korrelationen einsetzen [2–5]. Dabei kann man in der Weise „experimentieren", daß man Isotope an beliebiger Stelle im Molekül substituiert, was beim praktischen Experimentieren oft mit erheblichen Schwierigkeiten verbunden ist. Aufgrund der Berücksichtigung der vollständigen Kraftkonstantenmatrix für die Berechnung der Molekülschwingungsfrequenzen sowie wegen der entfallenden subjektiven Fehlerquellen bei der Zuordnung der Frequenzen zu den einzelnen Grundschwingungen ist im Rahmen der quantenchemischen Behandlung außerdem eine genauere Analyse der strukturell bedingten Differenzierung von Isotopieeffekten möglich. Das bezieht sich vor allem auf innermolekulare Vergleiche. Bezüglich der Beziehung zwischen Struktur und Isotopieeffekt können quantenchemische Berechnungen zu neuen Erkenntnisse führen. So läßt sich z. B. ein Zusammenhang zwischen dem reduzierten Zustandssummenverhältnis und der Nettoladung des isotop substituierten Atoms nachweisen [3].

Ein weiterer spezieller Vorteil des quantenchemischen Vorgehens ist in der Möglichkeit zu sehen, neben gewöhnlichen Molekülen auch Ionen und kurzlebige Spezies wie Radikale, Radikalionen und Übergangskomplexe chemischer Reaktionen auf einheitlicher Basis behandeln zu können [6]. Für die Aufklärung der Kinetik und des Mechanismus von Reaktionen, an denen Radikale und Radikalionen beteiligt sind, kommen auch Isotopenmethoden in Betracht [7–9]. Dabei ist es für die Abschätzung der zu erwartenden Effekte notwendig, Kenntnisse über die reduzierten Zustandssummenverhältnisse bei Isotopensubstitution in solchen Verbindungen zu besitzen. Diese sind aber gerade deshalb hier besonders schwer zugänglich, weil experimentelle Schwingungsspektren im Zeitbereich der Lebensdauer dieser Spezies mit den üblichen Methoden nicht gewonnen werden können. Für diesen Fall ist der Einsatz quantenchemischer Verfahren unumgänglich.

In dieser Mitteilung werden einige Ergebnisse von MINDO/3-MO-Berechnungen von Kohlenwasserstoffen und deren Radikalkationen vorgestellt.

2. Ergebnisse

2.1. *H/D-Substitution*

In Abb. 1 ist die Temperaturabhängigkeit der reduzierten Zustandssummenverhältnisse – d. h. der (σ_2/σ_1)-f-Werte [1] – für die H/D-Substitution in unterschiedlichen Positionen des Pentans bzw. Pentan-Radikalkations (abgekürzt mit $+\cdot$) dargestellt. Beim Pentan liegen die (σ_2/σ_1)-f-Werte dicht beieinander, während für das Radikalkation sowohl ein Absinken der Zustandssummenverhältnisse als auch eine stärkere Differenzierung zu beobachten ist. Die größten Änderungen treten dabei an den Wasserstoffatomen der Methylgruppe auf.

Auch im Falle des Cyclohexans (Abb. 2) ist eine Verringerung der (σ_2/σ_1)-f-Werte beim Übergang zum Radikalkation zu erkennen, jedoch bleibt eine größere Auftrennung (σ_2/σ_1)-f-Werte für strukturell unterscheidbare H-Atome erwartungsgemäß aus.

Beim Cyclohexen (Abb. 3) liegen wieder ähnliche Verhältnisse wie beim Pentan vor. Die (σ_2/σ_1)-f-Werte für die unterschiedlichen H-Atome sind deutlich voneinander verschieden, die Werte für das Radikalkation sind stärker differenziert, jedoch überschneiden sich die Wertebereiche

[1]) Anschrift: DDR-7050 Leipzig, Permoserstr. 15

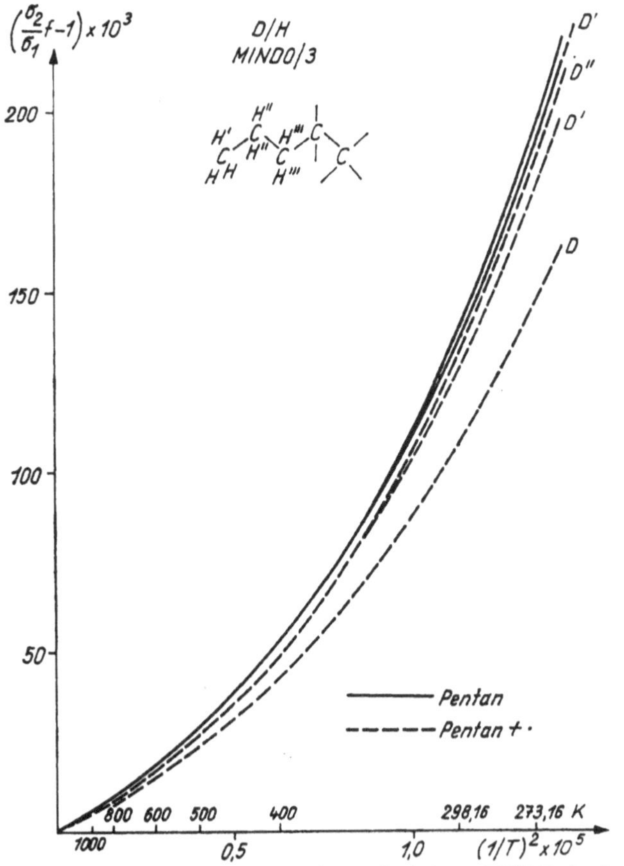

Abb. 1. Temperaturabhängigkeit der reduzierten (D/H)-Zustandssummenverhältnisse des Pentans und Pentanradikalkations

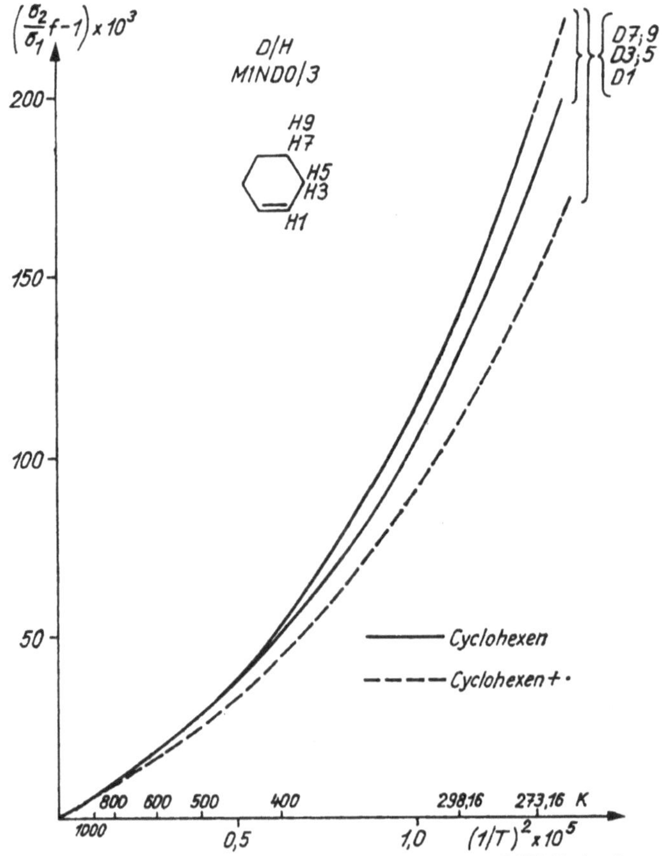

Abb. 3. Temperaturabhängigkeit der reduzierten (D/H)-Zustandssummenverhältnisse des Cyclohexens und Cyclohexenradikalkations

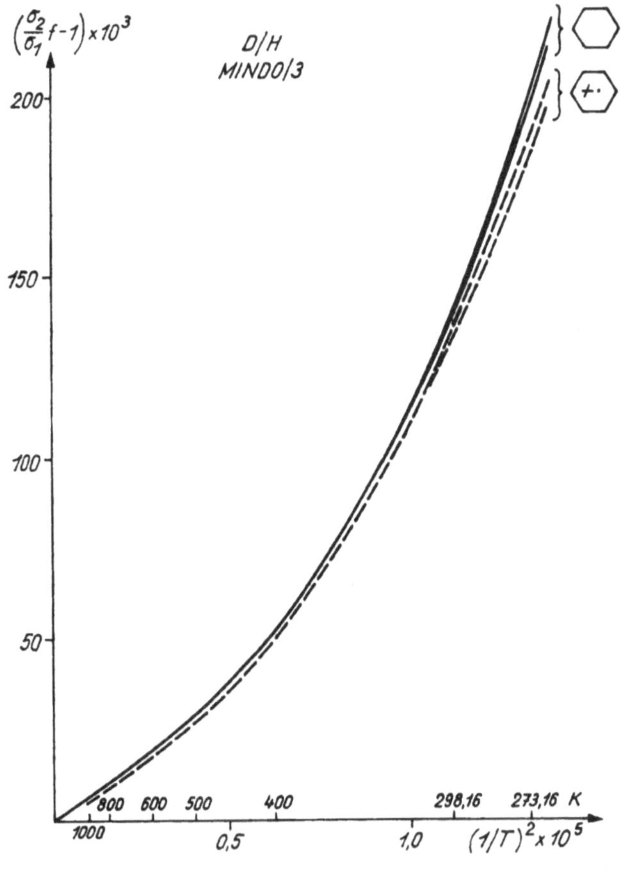

Abb. 2. Temperaturabhängigkeit der reduzierten (D/H)-Zustandssummenverhältnisse des Cyclohexans und Cyclohexanradikalkations

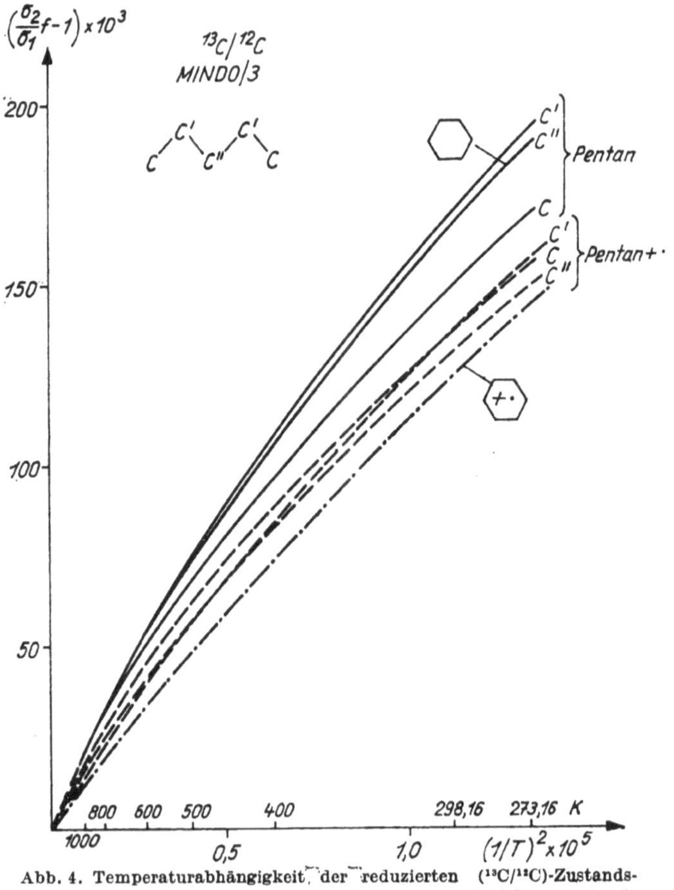

Abb. 4. Temperaturabhängigkeit der reduzierten ($^{13}C/^{12}C$)-Zustandssummenverhältnisse des Pentans und Cyclohexans sowie deren Radikalkationen

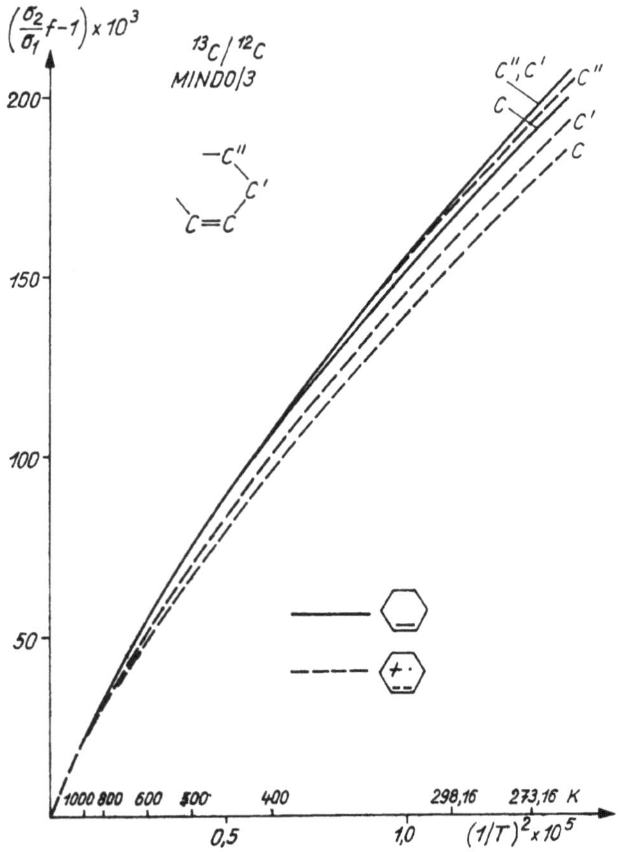

Abb. 5. Temperaturabhängigkeit der reduzierten ($^{13}C/^{12}C$)-Zustandssummenverhältnisse des Cyclohexens und Cyclohexenradikalkations

beider Spezies. Die niedrigsten (σ_2/σ_1)-f-Werte sind dabei stets für das H-Atom am sp^2-hybridisierten C-Atom zu beobachten (vgl. [2]).

2.2. $^{12}C/^{13}C$-*Substitution*

Auf Abb. 4 sind die Verhältnisse für Pentan und Cyclohexan gemeinsam dargestellt. Neben der generellen Reduzierung der (σ_2/σ_1)-f-Werte bei den Radikalkationen (vgl. Abschn. 2.1.) ist die strukturelle Verwandtschaft der CH_2-Gruppen im Cyclohexan mit der zentralen CH_2-Gruppe des Pentans durch die Ähnlichkeit der entsprechenden (σ_2/σ_1)-f-Werte angezeigt. Der Übergang zum Radikalkation bringt beim Pentan eine Vertauschung der Reihenfolge der reduzierten Zustandssummenverhältnisse für die verschiedenen C-Atome mit sich. Im Gegensatz zum H/D-Austausch (s. Abb. 1) sind die (σ_2/σ_1)-f-Werte dabei weniger stark differenziert, und die größte Veränderung tritt nicht am peripheren C-Atom auf, sondern im Inneren der Kette. Außerdem weisen die Temperaturabhängigkeiten eine unterschiedliche Charakteristik auf.

Abb. 5 enthält die Ergebnisse für das Cyclohexen. In Übereinstimmung mit früheren Befunden [3] zeigt das C-Atom mit dem höheren s-Charakter ein kleineres reduziertes Zustandssummenverhältnis. Bei diesem Atom ist auch gleichzeitig die größte Absenkung des (σ_2/σ_1)-f-Wertes bei Radikalbildung zu verzeichnen. Die (σ_2/σ_1)-f-Werte des Radikalkations sind ähnlich wie bei der H/D-Substitution (s. Abb. 3) stärker voneinander verschieden als im neutralen Molekül.

Als allgemeine Schlußfolgerung ergibt sich aus den gezeigten Ergebnissen, daß für die betrachteten Verbindungstypen die Abspaltung eines Elektrons aus der neutralen Molekel mit einer Verringerung des reduzierten Zustandssummenverhältnisses bei isotoper Substitution verbunden ist. Die Ursache hierfür ist in der Aufweitung der Molekeln bei der Radikalbildung zu suchen.

Eingegangen am 19. 12. 1983

Literatur

[1] *G. Hanschmann*, Isotopenpraxis **18** (1982) 203
[2] *G. Hanschmann*, Isotopenpraxis **20** (1984) 161
[3] *G. Hanschmann*, ibid. 165
[4] *G. Hanschmann*, ibid. 169
[5] G. *Hanschmann*, ibid. 437
[6] *M. Scholz*, *H.-J. Köhler*, Quantenchemische Näherungsverfahren und ihre Anwendung in der organischen Chemie. Berlin: VEB Dt. Verl. d. Wiss. 1981
[7] *S. S. Roginskij*, Theoretische Grundlagen der Isotopenchemie (Methoden zur Untersuchung chemischer Reaktionen). Berlin: VEB Dt. Verl. d. Wiss. 1962
[8] *P. Krumbiegel*, Isotopieeffekte. Berlin: Akademie-Verlag 1970
[9] *E. Buncel*, *C. C. Lee* (ed.), Isotopes in Organic Chemistry, Vol. III: ^{13}C in Organic Chemistry. Amsterdam: Elsevier 1977

Isotopenpraxis 20 (1984) 12, S. 443 bis 446

Zur Zerfallskonstanten der inneren Konversion von ^{99m}Tc im metallischen Zustand

K.-P. Dostal, E. Hartmann, W. Stuchlik

(Zentralinstitut für Isotopen- und Strahlenforschung der Akademie der Wissenschaften der DDR)[1]

In der Skala der Zerfallskonstanten für die innere Konversion von ^{99m}Tc weisen gerade die Meßwerte für die metallischen Proben eine ungewöhnlich große Streuung auf. Einige Messungen enthüllen einen Zusammenhang zwischen dieser Streuung und einigen Probenparametern (Schichtdicke, Homogenität, Grad der durchgeführten Reduktion). Auf der Grundlage eines theoretischen Streuwellenbildes für die chemischen Effekte auf die innere Konversion von ^{99m}Tc wird nun verständlich, daß alle Unzulänglichkeiten bei der Probenpräparation den Meßwert in eine Richtung verschieben. So wird mit Hilfe der Messung der Zerfallskonstanten der inneren Konversion von ^{99m}Tc eine Bewertung der Güte dünner metallischer Technetiumschichten möglich.

In the pattern of decay constants for the internal conversion of ^{99m}Tc, just the measured values of metallic samples are subject to unusually high scattering. Own measurements reveal an interdependence between this scattering and some sample parameters (thickness of layers, homogeneity, degree of conducted reduction). On the basis of a theoretical scattered-wave pattern for the chemical effects on the internal conversion of ^{99m}Tc it is becoming clear, that any deficiencies in sample preparation shift the measured values towards some direction. So, measurement of decay constants of the internal conversion of ^{99m}Tc renders possible an estimation of the quality of thin metallic technetium layers.

Keywords

electronic structure; half-life; internal conversion; technetium; technetium 99

1. Einleitung

Die Zerfallskonstante λ kann in gewissen Fällen durch die chemische Umgebung der betrachteten Radionuklide beeinflußt werden [1–5]. Die Untersuchung derartiger Variationen ist aber nicht nur Gegenstand zweckfreier Grundlagenforschung, sondern sie läßt Beiträge zu wichtigen physikalischen Fragestellungen erwarten: Die Eichung der *Mößbauer*-Isomerieverschiebung und die Klärung der Beteiligung von Core- und Valenzelektronenzuständen an der Variation der Kontaktelektronendichte sind Beispiele dafür [6].

Die Abhängigkeit der Zerfallskonstanten des Nuklids ^{99m}Tc von der chemischen Umgebung ist auch am ZfI Leipzig gründlich untersucht worden [7–16]. Abb. 1 zeigt die experimentell ermittelten Kernzerfallsvariationen für die übersichtlichen Systeme der Komplexionen, dazu alle bisher publizierten Meßwerte für metallische Technetiumproben. Die große Streuung der Metallwerte ist auffällig und insofern verwunderlich, als es sich doch bei den elementaren metallischen Proben im Vergleich zu den Halogenkomplexen um einfachere und einheitlichere Spezies handeln sollte.

Auch die in diesem Zusammenhang publizierten Modellierungen des Technetium-Metalls sind kontrovers: So nimmt *Slater* [13] für ein Technetium-Atom im Metallgitter den frei-atomaren Valenzzustand $4d^5 5s^2$ an, während *Mukoyama* et al. [14] die wesentliche Konsequenz der metallischen Bindung in der Überführung eines Elektrons aus dem s-Valenzband in das d-Band sehen. Versuche, den metallischen Zustand über die Randbedingungen in eine atomare Betrachtung einzuführen (*Porter* und *McMillan* [15]), zeichnen von der inneren Konversion von ^{99m}Tc ein ganz anderes Bild, als es die X_α-SW-Clustertechnik entwirft [16].

Zur Klärung der genannten experimentellen und theoretischen Diskrepanzen wird in dieser Arbeit versucht, von eigenen experimentellen Befunden und neueren theoretischen Vorstellungen ausgehend, Gründe für die weite Streuung der vorgelegten Meßwerte anzuführen und damit die Einzelmessungen im Lichte probenpräparativer Fragen (Homogenität, Dicke und Reinheit) zu bewerten.

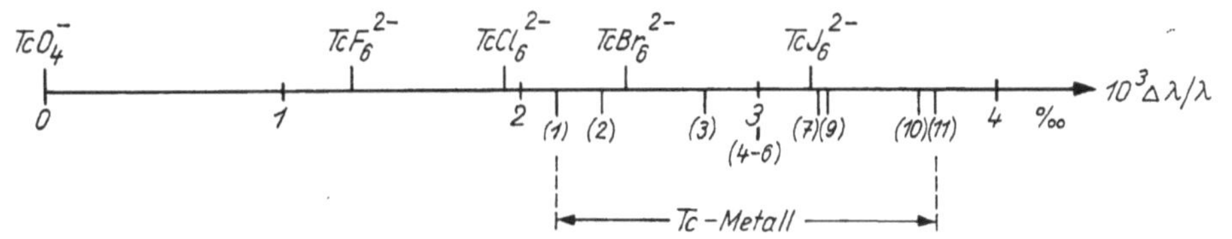

Abb. 1. Illustration der weiten Streuung der Metallwerte auf der Skala der Zerfallskonstanten für die innere Konversion von ^{99m}Tc
Die Nummern in den Klammern korrespondieren mit denen in Tab. 1; $\Delta\lambda/\lambda = [\lambda(TcO_4^-) - \lambda]/\lambda$; Komplexionenwerte nach [7, 8]

2. Zur Probenpräparation

Als Ausgangssubstanz für die Probenpräparation diente gereinigtes Generatoreluat [17]. Die Herstellung der

[1]) Anschrift: 7050 Leipzig, Permoserstr. 15

Pertechnetat-Vergleichsprobe ist unproblematisch: Nach Eindampfen des gereinigten Eluats und anschließendem Erwärmen mit etwas H_2O_2- und NH_4OH-Lösung wurde die entstandene TcO_4^--Lösung mit destilliertem Wasser auf 3 ml aufgefüllt und in eine Teflon-Meßküvette gegeben.

Das bevorzugte Verfahren zur Darstellung des Technetium-Metalls ist die elektrolytische Abscheidung (vgl. [18]). Ohne besondere Vorkehrungen kann hierbei der metallische Niederschlag oxidisch verunreinigt [11, 19, 20] oder durch Gitterfehler und Wassereinschlüsse [21] in seiner Struktur gestört werden. Des weiteren fanden *Golyanov* et al. [22], daß bei Schichtdicken unterhalb 150 Å ein Phasenübergang aus der hexagonal-dichtesten Kugelpackung (hcp) in die kubisch-flächenzentrierte (cfc) Anordnung erfolgt. Um radiochemisch einwandfreies Technetium-Metall in hcp-Struktur zu erhalten, ergab sich nach verschiedenen Vorversuchen folgendes Darstellungsverfahren: Auf gewendeltem Nickeldraht (Durchmesser 0,35 mm) bzw. in einigen Fällen auf gewendeltem Wolframdraht (Durchmesser 0,5 mm) wurden elektrolytisch zunächst glatte Kupferschichten mit gutem Haftvermögen für Technetium erzeugt. Der Elektrolyt für die sich anschließende katodische Abscheidung des Technetiums (nach [21] bzw. [23]) setzte sich aus 18 ml 2 N H_2SO_4, 1,8 mg $NH_4{}^{99m}TcO_4$ (als Träger in 0,5 ml destilliertem Wasser gelöst) und ungefähr 0,5 ml gereinigtem Generatoreluat zusammen (pH = 1,0). Die Anode bestand aus Platin. Nach einer Elektrolysedauer von 2 h (Spannung 2,8 V und Stromdichte 20 mA/cm²) entstanden Technetiumschichten von ungefähr 2700 Å Dicke. Der vom Elektrolyt gereinigte Draht wurde nun (ähnlich wie in [11] und [19]) einer zweistündigen Behandlung im Wasserstoffstrom bei einer Temperatur von ca. 1000 °C ausgesetzt (Selbsterhitzung durch einen Stromdurchgang von 8 A bei einer angelegten Gleichspannung von 8 V), um eventuell gebildetes TcO_2 zu reduzieren und Gitterstörungen auszuheilen. In allen Fällen zeigte sich danach die Technetiumschicht silbergrau glänzend. Die Prozedur bewirkte jedoch offensichtlich die Diffusion der gesamten Kupferzwischenschicht in das Nickelsubstrat, während sie auf dem Wolframdraht erhalten blieb. Einer möglichen nachträglichen Oxydation sollte ein Paraffinüberzug vorbeugen. Zur Prüfung des Elektrolyseverfahrens auf radiochemische Reinheit dienten einige mit erhöhtem Trägergehalt hergestellte Kontrollproben, an denen *Debye-Scherrer*-Aufnahmen lediglich starke Reflexe des metallischen Technetium erkennen ließen, während jene des TcO_2 fehlten.

3. Zur Messung

Die Messung des relativen Unterschiedes der Zerfallskonstanten erfolgte nach dem Quotientenverfahren von *Huber* et al. ([24], Einzelheiten hierzu finden sich auch in [7]). Der im Vergleich zur Pertechnetatprobe wesentlich höhere Trägergehalt in der Metallschicht bewirkte eine zeitlich konstante Bremsstrahlungskomponente, die nach dem Abklingen der ^{99m}Tc-Aktivität vermessen und in Rechnung gesetzt wurde. Aus 17 Probenpaaren mit Schichtdicken von ungefähr 2700 Å ergab sich für das Verhältnis $[\lambda(TcO_4^-) - \lambda(Tc_{met.})/\lambda(TcO_4^-)]$ ein Wert von $(3{,}02 \pm 0{,}13)$‰ (der Fehler entspricht 95% statistischer Sicherheit). Drei von ihnen waren auf Wolframdraht abgeschieden worden und lieferten einen etwas größeren Meßwert (3,17‰).

Den Einfluß der Schichtdicke konnten wir in zwei Vorversuchen demonstrieren: Im ersten Falle wurde metallisches Technetium mit einer Dicke von ca. 25 Å auf Kupferblech (als Anode diente Eisen) abgeschieden und ohne thermische H_2-Behandlung mit Paraffin überzogen. 8 Probenpaare lieferten hierfür einen Mittelwert von $(2{,}34 \pm 0{,}17)$‰. Die zweite Versuchsreihe — ebenfalls ohne thermische H_2-Behandlung, jedoch mit Schichtdicken von ca. 600 Å — ergab aus 7 Probenpaaren ein Resultat von $(2{,}99 \pm 0{,}47)$‰.

4. Diskussion

Eine Untersuchung des Einflusses der chemischen Umgebung auf inneratomare Eigenschaften [25] enthält auch die chemisch bedingte Variation der inneren Konversion von ^{99m}Tc.

Im freien ^{99m}Tc-Atom nehmen nur die 4d-Valenzelektronen und die Elektronen aus den „flachen" Core-Zuständen 3p, 3d und 4p an der inneren Konversion teil. Die fester gebundenen Elektronen sind aus energetischen Gründen (die Kernübergangsenergie beträgt nur 2.17 keV), die s-Elektronen aus Symmetriegründen (es handelt sich um einen E3-Übergang) von der Konversion ausgeschlossen.

Die relativen Unterschalen-Konversionskoeffizienten α_i ($\alpha_{3p} = 0{,}655$, $\alpha_{3d} = 0{,}225$, $\alpha_{4p} = 0{,}108$, $\alpha_{4d} = 0{,}012$) lassen einen Primärbeitrag zur chemischen Variation der inneren Konversion infolge einer Delokalisation von 4d-Valenzladung erwarten. Atomrechnungen zeigen jedoch, daß dieser Primäreffekt durch einen 4p-Reorganisationsbeitrag überkompensiert wird ([7] — als erster hat *Perlman* [26] auf diese Möglichkeit hingewiesen).

So weit erscheint es plausibel, wenn *Mukoyama* et al. [14] in einer Diskussion der inneren Konversion von ^{99m}Tc den metallischen Zustand durch die Valenzelektronenkonfiguration $4d^65s^1$ ausdrücken. Damit folgen sie einem Konzept von *Watson* et al. [27], die auf diese Weise einer Elektronenumbesetzung in 3d-Übergangsmetallen infolge der Überlappung der lokalen s- und d-Valenzbänder Rechnung trugen. *Slater* wies aber auf die Möglichkeit eines ganz andersgearteten Primäreffektes hin [13]: Danach sind die 4p-Elektronen nicht lokalisiert genug, um nicht direkt durch die chemische Umgebung beeinflußt zu werden. Dieses „squeezing" des oberen Cores sollte den Effekt der 4d-Delokalisation überragen, da die p-Elektronen so überaus effektiv an der inneren Konversion beteiligt sind (vgl. die oben gegebenen α_i). *Porter* und *McMillan* [15] modellierten dieses nun schon komplexere Bild, indem sie mit Hilfe geeigneter Randbedingungen die metallische Umgebung in eine effektive Einzentrenbeschreibung einfließen ließen. Die unglaubhaft großen Abweichungen ihrer Ergebnisse vom atomaren Bild der inneren Konversion belegen aber hinlänglich das Scheitern dieses Versuchs.

Hartmann und *Seifert* [16] diskutierten die innere Konversion von ^{99m}Tc für den metallischen Zustand in einem Nächste-Nachbarn-Clustermodell. Als Ergebnis fanden sie zwar die von *Mukoyama* et al. diskutierte Erhöhung der Tc 4d-Dichte; als wesentlicher erwies sich aber in diesem Zusammenhang ein Polarisationseffekt: Infolge der anisotropen lokalen Umgebung wird am betrachteten Atom eine p-Valenzladung stabilisiert, die sich wegen der effektiven Beteiligung der p-Elektronen an der inneren Konversion von ^{99m}Tc trotz ihrer Kleinheit der Zerfallskonstanten dennoch deutlich mitteilen kann.

Tab. 1. Experimentelle und theoretische Werte für $\Delta\lambda/\lambda = [\lambda(TcO_4^-) - \lambda(\text{Metall})]/\lambda$

Nr.	$\Delta\lambda/\lambda$ in ‰	Ref.	Bemerkungen
1	2,15	[19] S. 437	elektrolytisch, keine thermische H_2-Behandlung
2	2,34	a)	elektrolytisch, keine thermische H_2-Behandlung, 25 Å
3	2,77	[19] S. 438	durch Reduktion von $KTcO_4$ und Tc_2S_7
4	2,99	a)	elektrolytisch, keine thermische H_2-Behandlung, 600 Å
5	3,01	[19]	elektrolytisch, mit thermischer H_2-Behandlung
6	3,02	a)	elektrolytisch, mit thermischer H_2-Behandlung, 2700 Å
7	3,25	[19] S. 438	elektrolytisch auf Nickel, mit therm. H_2-Behandlung
8	3,29	[9]	theoretischer Wert für das freie Tc-Atom
9	3,30	[19] S. 438	elektrolytisch auf Nickel, trägerfrei, mit thermischer H_2-Behandlung
10	3,67	[19] S. 438	durch Reduktion von Tc_2S_7 (durch Hinzufügen von Trägersubstanz und geringem Kontakt zur Unterlage definiertere Bedingungen als bei Probe Nr. 3)
11	3,74	[11]	elektrolytisch, mit thermischer H_2-Behandlung, > 10000 Å
12	3,90	a)	theoretischer Wert für metallisches Tc, repräsentiert durch die effektive Konfiguration $4d^6 5s^1$, reproduziert nach [14]
13	4,00	[16]	theoretischer Wert für metallisches Tc nach der X_α-SW-Clustertechnik

a) diese Arbeit

Mit dem Primäreffekt der Valenzelektronenpolarisation ist eine Einflußmöglichkeit gegeben, über die sich alle Präparationsfehler der inneren Konversion in einheitlicher Weise aufprägen: Wie die Clusterrechnungen deutlich ausweisen, steigt die p-Kontamination und somit die Zerfallskonstante infolge jeder Symmetrieerniedrigung durch Gitterstörungen. In diesem Sinne sind eine unvollständige Homogenisierung der Meßprobe (Clusteranteile oder Oberflächenatome), eine zu geringe Schichtdicke (spontane Gitterverzerrungen unter 150 Å) und eine ungenügende Reduktion gleichermaßen bedeutsam. Die Streuung der Meßwerte wird nun verständlich: Alle präparativen Unvollkommenheiten führen zu größerem λ, d. h. kleinerem $\Delta\lambda$, und es nimmt somit nicht wunder, daß die kleinste Zerfallskonstante [11] beim höchsten Aufwand an Probenpräparation und Probencharakterisierung (und bei höchster Schichtdicke) gemessen worden ist. Tab. 1 enthält die bisher für metallische Proben vorgelegten Meßwerte (bezogen auf das Komplexion $^{99m}TcO_4^-$). Das Resultat von *Mazaki* et al. [11] (3,74 ± 0,22)‰ kommt dem theoretischen Wert von 4,00‰ [16] wesentlich näher als die früheren Messungen von *Bainbridge* et al. [19] (3,01 ± 0,16)‰. Inhomogenitäten ihres Probenmaterials können auch *Mazaki* et al. noch nicht völlig ausschließen. Offensichtlich waren bei den eigenen Messungen die Gitterstörungen noch stärker ausgeprägt. Möglicherweise reichte die Zeitdauer der thermischen Wasserstoffbehandlung nicht aus; von *Kurakado* et al. [28] vermessene Technetium-Metallproben zeigten erst nach dreistündiger Behandlung ein zufriedenstellendes Ergebnis.

Auch die in [19] angegebene Präparationstechnik, metallisches Technetium nicht elektrolytisch, sondern durch Reduktion aus geträgertem Technetiumsulfid darzustellen (wobei Wert auf minimalen Kontakt zur Platinunterlage gelegt worden war), führt offenbar zu einem relativ reinen hcp-Technetium, wie der hohe Meßwert von 3,67‰ ausweist. Diese größte von *Bainbridge* et al. gemessene Halbwertszeitdifferenz kann entgegen [19] nicht auf einen beträchtlichen Anteil frei-atomaren Technetiums zurückgeführt werden, denn jenes ist in Tab. 1 mit einem deutlich niedrigerem Wert enthalten. Als unzureichend begründet erscheint nun auch die Vermutung [19], daß die Diffusion von ^{99m}Tc-Atomen in das Basismaterial den Zerfallskonstantenwert etwas herabsetzen könnte: Es wurde schon für andere IC-Nuklide (^{125}I [25, 29]) bemerkt, daß offensichtlich die Wechselwirkung eines Atoms mit einem fremden Wirtsgitter so schwach ist, daß eine frei-atomare Beschreibung befriedigende Ergebnisse liefern kann. Die hohen $\Delta\lambda$-Werte der Messungen 10 und 11, bei denen die Diffusion offensichtlich eine untergeordnete Rolle spielte, illustrieren nochmals diesen Sachverhalt.

Ähnlich anderen integralen Meßgrößen (wie z. B. die *Mößbauer*-Isomerieverschiebung [6]) ist die Zerfallskonstantenvariation mit dem Nachteil behaftet, daß sich in ihr unterschiedliche Beiträge kompensieren können. Über die Polarisation der Valenzzustände spricht aber die innere Konversion von ^{99m}Tc viel empfindlicher auf Gitterstörungen an, als etwa die Isomerieverschiebung. Die eingangs aufgezeigte Schwierigkeit, elementaren Technetiumproben in der Zerfallskonstantenskala der inneren Konversion einen definierten Platz zuzuweisen, eröffnet nun positiv die Möglichkeit, die Güte dünner metallischer Technetiumschichten mit Hilfe einer Zerfallskonstantenmessung beurteilen zu können. Damit ist zusätzlich zu den Arbeiten an radiopharmazeutischen Komplexverbindungen [12] eine weitere Anwendung dieser experimentellen Methodik in Sicht.

Abschließend sei bemerkt, daß von allen skizzierten Modellierungen des metallischen Zustandes allein die X_α-SW-Clustertechnik mit den eigentlich zuständigen Bandstrukturrechnungen konsistent ist und daß mittlerweile das dieser Diskussion zugrundegelegte Bild der inneren Konversion von ^{99m}Tc [9, 16] durch konversionselektronenspektroskopische Messungen von *Gerasimov* et al. [30] explizite Bestätigung fand.

Diese Untersuchungen wurden in der Gruppe von Prof. Dr. habil. *G. Brunner* durchgeführt. Zahlreiche Diskussionen mit ihm und unserem Kollegen Dr. *M. Nagel* (†) erbrachten eine Reihe fruchtbarer Anregungen. Weiterhin danken wir Dipl.-Chem. *R. Siegel* und Dipl.-Ing. *Vieweger* (VEB Galvanotechnik Leipzig) für wertvolle Hinweise zur Elektrolyse und Dr. *W. Schmitz* (Karl-Marx-Universität Leipzig) für die Durchführung der Kristallstrukturanalysen.

Eingegangen am 20. 12. 1983

Literatur

[1] *G. T. Emery*, Ann. Rev. Nucl. Sci. **22** (1972) 165
[2] *H.-P. Hahn* et al., Radiochim. Acta **23** (1976) 23
[3] *K.-P. Dostal* et al., Z. Naturforsch. **32a** (1977) 345
[4] *K. V. Makariunas*, Izv. Akad. Nauk SSSR, Ser. fiz. **47** (1983) 18
[5] *H. Daniel*, Atomic Energy Review **17** (1979) 287
[6] *G. B. Shenoy, F. E. Wagner* (ed.), Mössbauer Isomer Shifts, North-Holland, Amsterdam 1978
[7] *M. Nagel* et al., Z. Naturforsch. **33a** (1978) 1050
[8] *K.-P. Dostal, B. Bayerl*, Z. Naturforsch. **35a** (1980) 894
[9] *E. Hartmann* et al., Z. Physik A **290** (1979) 349
[10] *K.-P. Dostal, E. Hartmann*, ZfI-Mitt. **25** (1979) 80
[11] *H. Mazaki* et al., Phys. Rev. C **21** (1980) 344
[12] *B. Johannsen* et al., Radiochem. Radioanal. Lett. **47** (1981) 57
[13] *J. C. Slater*, Phys. Rev. **84** (1951) 1261
[14] *T. Mukoyama* et al. Bull. Inst. Chem. Res., Kyoto Univ. **58** (1980) 164
[15] *R. A. Porter, W. G. McMillan*, Phys. Rev. **117** (1960) 795
[16] *E. Hartmann, G. Seifert*, phys. stat. sol. (b) **100** (1980) 589
[17] *K.-P. Dostal, H. Kupsch*, Isotopenpraxis **16** (1980) 65
[18] *M. Jovtschev* et al., Isotopenpraxis **11** (1975) 369
[19] *K. T. Bainbridge* et al., Phys. Rev. **90** (1953) 430
[20] *V. N. Gerasimov* et al., Yad. Fiz. **34** (1981) 3
[21] *K. E. Voltz, M. E. Holt*, Electrochem. Soc. **114** (1967) 128
[22] *V. M. Golyanov* et al., Pisma v ZhETF **18** (1973) 569
[23] *R. Siegel*, unveröffentlichter Bericht
[24] *St. Gagneux* et al., Helv. Phys. Acta **43** (1970) 39
[25] *E. Hartmann*, ZfI-Mitt. **73** (1983) 3
[26] *M. L. Perlman*, BNL-Rep. 50100 (T-487) (1968)
[27] *T. E. Watson* et al., Phys. Rev. B **13** (1976) 2358
[28] *M. Kurakado* et al., Bull. Inst. Chem. Res., Kyoto Univ. **55** (1977) 38
[29] *E. Hartmann* et al., Hyperfine Interactions **12** (1982) 257
[30] *V. N. Gerasimov* et al., Zh. Eksp. Teor. Fiz. **82** (1982) 362

Isotopenpraxis **20** (1984) 12, S. 446 bis 451

Современное состояние и перспективы развития активационной авторадиографии*)

Ю. Ф. Бабикова, А. А. Гусаков, С. С. Казаков, В. М. Минаев

(Moskauer Ingenieur-Physikalisches Institut)[1]

Один из перспективных методов локального анализа химической неоднородности материалов — авторадиография находит и в настоящее время достаточно широкое применение. В данной работе показано, что наибольшими аналитическими возможностями обладают авторадиографические методики, использующие активацию образцов заряженными частицами с регистрацией излучения радиоактивного распада ядер и активацию нейтронами и гамма-квантами с регистрацией продуктов ядерных реакций. Путем выбора оптимальных условий и режимов проведения активационных авторадиографических исследований можно проводить избирательное определение таких элементов как литий, бор, углерод, азот, кислород, натрий, кремний, фосфор в большинстве металлических матриц.
Обобщение результатов по разработке активационной авторадиографии позволило указать возможности ее совершенствования на всех этапах проведения анализа.

Autoradiography, one of the long-term techniques of a local analysis of chemical inhomogeneity of materials, finds a wide application at present. The work concerned shows that autoradiographic techniques using activation of Samples by charged particles with the detection of radioactive nuclear decay radiation has the most analytical possibilities. The same can be said about the activation by neutrons and gamma-rays with the detection of nuclear reaction products. By choosing optimal conditions and modes of conducting the activation autoradiographic researches it is possible to do a selective determination of such elements as lithium, boron, nitrogen, oxygen, sodium, silicon and phosphorus in the most of metal matrices. The survey of the results on the development of the activation autoradiography allowed to point out the methods of its improvement at all stages of the analysis procedure.

Keywords

activation analysis; autoradiography; nondestructive testing; radioactivation; reviews

В проблеме использования достижений ядерной физики важное место занимают вопросы, связанные с разработкой и применением в различных областях науки и техники ядерно-физических методов исследования свойств вещества. Одним из таких методов является авторадиография, позволяющая изучать без разрушения образцов их локальную химическую неоднородность.

В авторадиографии расположение анализируемого элемента источника ядерного излучения — определяется при помощи изображения поля этого излучения. Используют ядерные излучения радиоизотопов и продукты ядерных реакций, а регистрируют их с помощью фотоэмульсий, трековых детекторов, люминофоров.

В обычном варианте авторадиографии радиоактивный изотоп вводится в исследуемый образец во время какого-либо физико-химического процесса (плавки металла, диффузии, инъекции в живой организм и др.). В активационном варианте источники излучения образуются в исследуемом образце в процессе его облучения заряженными частицами, нейтронами или гамма-квантами. С развитием производства радио-

*) Доклад на XIII международном симпозиуме по авторадиографии, 2—5 мая 1983 в Таборе, ЧССР

[1]) 115409 Moskau, Kaschirskoje Chaussee 31

активных изотопов первый вариант, несмотря на ограниченный круг производимых изотопов, нашел более широкое применение из-за своей простоты и наглядности. В последнее время все более доступным методом исследования становится активационная авторадиография, поскольку разработаны и внедряются малогабаритные ускорители заряженных частиц, значительно расширилась сеть ядерных реакторов. На первый план начинают выступать достоинства активационной авторадиографии, а именно: определение элементов, не имеющих подходящих для традиционной авторадиографии радиоизотопов; активация образцов после завершения исследуемых процессов; проведение подготовительных операций (шлифовка, полировка) на неактивных образцах; исследование нескольких элементов в одном образце; экспрессность получения результатов.

Обзор, посвященный активационной авторадиографии, начнем с наиболее многочисленной группы работ, выполненных с наведенными при облучении бета-активными радиоизотопами. Регистрацию бета-частиц в данном случае проводили фотографическим методом.

В первых работах образцы активировали нейтронами, причем обычно изучали распределения макрокомпонент и только в ряде чистых и сверхчистых материалов удавалось получать распределение микропримесей. Что касается многокомпонентных образцов, то для их исследования метод нейтронно-активационной авторадиографии обычно не пригоден из-за большого числа образующихся при активации изотопов.

При облучении образцов ионами небольшой энергии активируются в достаточной степени лишь элементы с малым зарядом ядра, поскольку ядра элементов со средним и большим зарядом имеют сравнительно высокий кулоновский барьер. Это открывает широкие возможности для исследования распределения таких важных примесных элементов, как литий, бор, углерод, азот, кислород и других, в различных материалах. В литературе описано уже достаточно большое количество случаев применения активационной авторадиографии с использованием заряженных частиц для решения ряда частных задач в различных областях науки и техники. Исследовали распределение углерода, натрия, кремния, алюминия и фосфора, кислорода, лития в различных материалах (см., например, [1—5]). С использованием стабильных изотопов кислорода и азота ^{18}O и ^{15}N активационная методика была с успехом применена для изучения самодиффузии кислорода в пятиокиси ниобия [6], азота в нитриде урана [7] и др., при исследовании механизма проникновения кислорода через окисную пленку на цирконии и его сплавах.

В этих работах было показано, что активационная авторадиография в ряде случаев является наиболее простым, а иногда и единственно возможным методом локального анализа. В настоящей работе рассматривается лишь метод активационной авторадиографии с использованием заряженных частиц, так как особенности нейтронно-активационной авторадиографии отражены в обзорной работе Тауре [8].

Особенности протекания ядерных реакций под действием заряженных частиц, многообразие этих реакций, возможности их осуществления при различной энергии с учетом временных режимов акти-

Табл. 1. Оптимальные режимы проведения анализа и чувствительность активационной авторадиографии (пучки заряженных частиц мощность 20 ватт)

№	Реакция	Содержание изотопа в ест. смеси, %	Энергия бомбард. частиц, МэВ	Период полураспада	Время активации	Время радиац. охлаждения	Время экспозиции	Энергия β-част. МэВ	Эксперим. чувствит., %
1.	$^{7}Li(p, n)^{7}Be$	92,6	2,1	53,3 дн.	15 час	50 час	720 час	К-захват	10^{-1}
2.	$^{10}B(d,n)^{11}C$	19,6	2,0	20,4 мин	20 мин	30 мин	30 мин	0,97	10^{-1}
3.	$^{10}B(\alpha,n)^{13}N$	19,6	8,0	10,0 мин	15 мин	10 мин	15 мин	1,19	10^{-1}
4.	$^{12}C(d,n)^{13}N$	98,9	2,0	10,0 мин	15 мин	10 мин	15 мин	1,19	10^{-3}
5.	$^{12}C(^{3}He,\alpha)^{11}C$	98,9	7,3	20,4 мин	20 мин	10 мин	20 мин	0,97	10^{-3}
6.	$^{15}N(\alpha,n)^{18}F$	0,36	10,0	110 мин	3 час	1,5 час	3 час	0,64	10^{-1}
7.	$^{16}O(^{3}He,p)^{18}F$	99,8	7,3	110 мин	3 час	1,5 час	3 час	0,64	10^{-3}
8.	$^{18}O(p,n)^{18}F$	0,20	2,67	110 мин	3 час	1,5 час	3 час	0,64	10^{-1}
9.	$^{23}Na(d,p)^{24}Na$	100	2,1	15 час	15 час	15 час	15 час	1,40	10^{-4}
10.	$^{27}Al(d,p)^{28}Al$	100	2,1	2,2 мин	5 мин	2 мин	5 мин	2,87	10^{-1}
11.	$^{27}Al(\alpha,n)^{30}P$	100	8,0	2,5 мин	5 мин	2 мин	5 мин	3,24	10^{-1}
12.	$^{30}Si(d,p)^{31}Si$	3,12	2,2	2,65 час	3 час	1,5 час	3 час	1,48	10^{-1}
13.	$^{31}P(d,p)^{32}P$	100	2,2	14,3 дн	15 час	150 час	450 час	1,71	10^{-2}

вации и авторадиографической экспозиции, позволяют обеспечить достаточно высокую избирательность анализа многих материалов на легкие элементы. Это одно из существенных преимуществ использования для активации заряженных частиц по сравнению, например, с нейтронами.

В табл. 1 приведены основные ядерные реакции наведенных бета-активных радиоизотопов. Большинство из указанных режимов является универсальными, т.е. могут быть осуществлены с данной чувствительностью при исследовании практически любых образцов. Основное внимание при использовании методик должно быть обращено на активацию вместе с исследуемым других элементов с малым зарядом ядра, присутствующих в виде примесей в образце. Так, например, при энергии дейтрона 2,2 МэВ обычно активируются изотопы пяти-семи примесных элементов, но, благодаря тому, что периоды полураспада продуктов реакции значительно различаются, оказывается возможным в большинстве случаев получение однозначной картины распределения определеяемого элемента при соответствующем выборе оптимальных времен активации, радиоционного охлаждения и экспозиции.

Так как сечение ядерных реакций под действием заряженных частиц для большинства изотопов имеет один и тот же порядок (сотни миллибарн), то чувствительность активационной авторадиографии определяется в основном распространенностью активируемого изотопа и периодом полураспада продукта реакции. Чувствительность максимальна для случаев образования радиоизотопов с периодом полураспада порядка нескольких часов. Цифры, приведенные в последней графе табл. 1, характеризуют экспериментальные значения чувствительности тех или иных частных методик. При этом под чувствительностью понимается та минимальная концентрация элемента, равномерно распределенного по объему образца, активация которого позволит получить авторадиограмму с плотностью почернения 0,5 над вуалью при оптимальных временах экспозиции и рекомендуемом режиме обработки ядерной эмульсии. В то же время следует отметить, что с учетом степени локализации можно выявить картину распределения элемента и при значительно меньших средних его концентрациях в образце.

Разрешающая способность активационной авторадиографии характеризуется, с одной стороны, тем объемом (толщиной материала), в котором сосредоточена наведенная активность, и, с другой стороны, возможностью регистрации распределения излучения радиоизотопов фотографическим способом. Толщина активируемого слоя благодаря высоким ионизационным потерям заряженных частиц составляет единицы и десятые доли микрона и может быть уменьшена в несколько раз при наклонном облучении, хотя при этом происходит соответствующее уменьшение чувствительности. Достаточно малая толщина активируемого слоя позволяет получать изображение распределения радиоизотопа в образце с высоким разрешением (порядка единиц и десятка микрон), несмотря на большую энергию β-частиц (порядка 1 МэВ). Расчеты показывают, что обычно пробег ядра отдачи в материале исследуемого образца намного меньше разрешения метода. Нагрев и радиационные повреждения образца при облучении флюенсом 10^{17}—10^{18} частиц $см^{-2}$ также не приводят к заметному перераспределению элементов в активируемом слое, что подтверждают две авторадиограммы с одного и того же образца, полученные обычным методом с использованием ^{14}C (рис. 1,а) и методом активационной авторадиографии (рис. 1,б). Авторадиограммы свидетельствуют об идентичности распределения углерода, выявленного различными методами, а также о том, что в результате облучения картина распределения углерода не меняется.

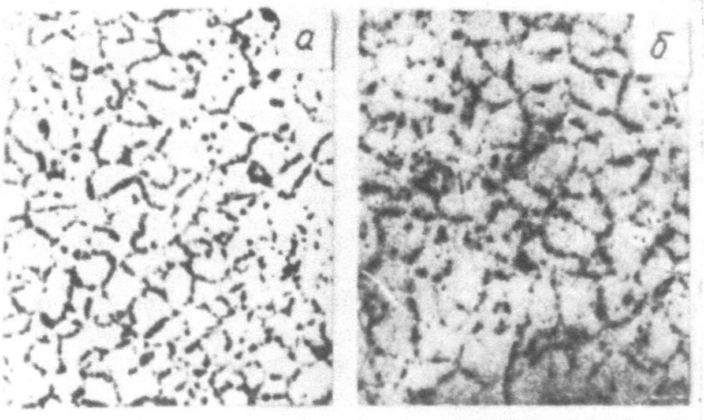

Рис. 1. Авторадиограммы распределения углерода в хроме, полученные с помощью введенного изотопа ^{14}C и активации по реакции $^{12}C(d, n)^{13}N$, × 50

Законы активации и взаимодействия заряженных частиц с веществом хорошо изучены и позволяют получить простую зависимость между количеством анализируемого элемента и наведенной активностью. Пробег заряженных частиц линейно связан с плотностью электронов в веществе и может быть определен с хорошей степенью точности для любой матрицы. Поэтому основной вклад в ошибку анализа методом активационной авторадиографии вносят статистический характер регистрации излучения, ошибки, свойственные фотографическому методу, а также поверхностные загрязнения. Одновременная активация исследумых образцов вместе с эталоном на вращающейся мишени, одновременное экспонирование и фотохимическая обработка пленки позволяют проводить анализ достаточно просто, с большой надежностью и с высокой точностью. Сравнительно большая глубина активируемого слоя и возможность практически просто увеличивать энергию активирующих частиц принципиально позволяют удалить любое загрязнение, снимая контролируемый загрязненный слой с поверхности образца после активации. В настоящее время достигнута хорошая точность анализа, характеризуемая ошибкой определения среднего содержания элементов менее 5%. Для проведения анализа необходимо облучение образцов заряженными частицами, которые могут быть получены на сильноточных ускорителях с плавной регулировкой энергии от одного до примерно 4 МэВ на нуклон, позволяющих ускорять любые легкие ионы. Современный ускоритель, удовлетворяющий этим условиям, активационный малогабаритный циклотрон, представляет собой сравнительно большую и дорогостоящую установку. Однако при проведении анализа на углерод или кислород сразу десяти образцов на вращающейся мишени можно облучать до 30 образцов в час. При этом картина распределения элементов получается со всей поверхности образца площадью в несколько $см^2$. Полное время, необходимое для получения авторадиограммы распределения углерода, составляет

40 мин., кислорода- 5 часов. Производительность и себестоимость анализа в этом случае оказывается сравнимой с аналогичными характеристиками известных методов локального анализа, например, микрорентгеноспектрального или масс-спектрометрии вторичных ионов.

Экспериментальное сравнение характеристик и возможностей различных методов локального анализа позволяет установить наиболее перспективные направления применения метода активационной авторадиографии. Здесь следует прежде всего отметить уникальные возможности метода для исследования и контроля распределения легких элементов, особенно углерода и кислорода, в структуре конструкционных материалов и перераспределения их после проведения различных термообработок или эксплуатационных испытаний.

Другим направлением является применение активационной авторадиографии для определения характеристик диффузии и самодиффузии легких элементов в металлах, сплавах и соединениях.

Создание в конце 50-х — начале 60-х годов твердотельных трековых детекторов (ТТД) заряженных частиц открыло новый путь в развитии активационной авторадиографии. Преимуществом нового класса детекторов перед фотографическими эмульсиями является наличие порога регистрации заряженных частиц и значительно меньшая чувствительность к мешающему излучению. В первом приближении критерием регистрации заряженных частиц является их тормозная способность в материале ТТД. Бета-, гамма- и нейтронное излучение не создают треки в ТТД, а ионы регистрируются только в том случае, если их тормозные потери в ТТД превышают пороговые значения.

Эта особенность ТТД в полной мере использовалась уже в первых работах по определению делящихся нейтронами, когда сами исследуемые объекты — стекла и минералы — служили детекторами осколков деления [9]. Применение первых ТТД в авторадиографии было ограничено их низкой чувствительностью, а отсутствие у них пластичности не позволяло получить хороший контакт с анализируемой поверхностью. Положение изменилось с разработкой полимерных трековых детекторов, позволяющих регистрировать альфа-частицы и более тяжелые ионы. Появились работы по исследованию распределения урана и других делящихся элементов, лития и бора в широком круге материалов (например, [10—12, 14]). Методом трековой авторадиографии определяли, правда значительно реже, и другие элементы в различных объектах, например, бериллий, свинец [13—17].

Перечисленные примеры можно разделить на две группы. Как видно из табл. 2, в которой приведены основные реакции, используемые в трековой авторадиографии, в эксперименте регистрируют либо продукты ядерных реакций во время облучения, либо наведенную α-активность после облучения. В первом случае трековый детектор в основном используется для подавления фона активирующих нейтронного или гамма-излучения, а во втором — наведенной бета-активности.

Избирательная активация анализируемых элементов в случае облучения заряженными частицами или быстрыми нейтронами достигается за счет порогового характера ядерных реакций, а при облучении тепловыми нейтронами — очень высоких значений используемых аналитических реакций. Таким образом, селективность трековой авторадиографии обеспечивается сочетанием избирательных активации элементов и регистрации наведенных излучений пороговым детектором. Сильные колебания чувствительности метода объясняются большой разницей в сечении применяемых ядерных реакций. В последней графе табл. 2 приведена чувствительность, при которой достигается максимальная плотность треков без их взаимного наложения, равная при наблюдении в оптический микроскоп 10^7 см$^{-2}$ для альфа-частиц и 10^5 см$^{-2}$ для осколков деления. При определении средней концентрации элементов необходимая точность анализа может быть достигнута при значительно меньшей плотности треков, что увеличивает чувствительность на несколько порядков. Высокая чувствительность определения лития и бора связана с большим сечением реакции на тепловых нейтронах, а тория, урана, нептуна и плутония — с длительным облучением в реакторе, что возможно благодаря радиационной стойкости детекторов осколков деления. Сравнительно хорошая разрешающая способность трековой авторадиографии (порядка нескольких мкм) обусловлена малыми пробегами регистрируемых ионов как в исследуемом материале, так и в детекторе. Разрешение метода коррелирует с энергией ядерных реакций. Например, наилучшее разрешение — 1 мкм, получено при определении лития и бора, для урана и других делящихся нейтронами элементов разрешение

Табл. 2. Параметры аналитических ядерных реакций в методе трековой авторадиографии

Анализир. элемент	Реакция	Распр. изотопа-мишени, %	Пороговая энергия бомбардирующ. частиц, МэВ	Сечение реакции 10^{-24} см^2	Разреш. мкм	Чувств. %
Водород	$^{2}H(\gamma, n)^{1}H$	0,015	2,76	0,0016	(10)	(10^{-1})*)
Гелий	$^{3}He(n, p)^{3}H$	1,3 10^{-4}	тепловые	5327	4	10^{-5}*)
Литий	$^{6}Li(n, \alpha)^{3}H$	7,42	тепловые	940	1–2	10^{-3}
Бериллий	$^{9}Be(\gamma, n)^{8}Be \rightarrow 2\alpha$	100	1,7	1–4 (1,7–10 МэВ)	1	10^{-1}
Бор	$^{10}B(n, \alpha)^{7}Li$	19,61	тепловые	3836	1	10^{-4}
Азот	$^{14}N(n, p)^{14}C$	99,635	тепловые	1,7	3	10^{-2}
Алюминий	$^{27}Al(n, \alpha)^{24}Na$	100	7	0,13 (14 МэВ)	(5)	(1)
Азот	$^{14}N(n, \alpha)^{11}B$	99,635	1,5	0,36 (4 МэВ)	(3)	(10^{-2})
Торий	$^{232}Th(n, f)$	–	1,3	0,4 (3 МэВ)	20	10^{-5}
Уран	$^{235}U(n, f)$	0,7205	тепловые	580	20	10^{-8}
Уран	$^{238}U(n, f)$	99,274	1,2	0,55 (3 МэВ)	20	10^{-5}
Нептуний	$^{237}Np(n, f)$	–	0,4	1,5 (3 МэВ)	20	10^{-5}
Плутоний	$^{239}Pu(n, f)$	–	тепловые	664	20	10^{-8}

*) Чувствительность дана по изотопу, а не по элементу.
В скобках даны предполагаемые величины разрешения и чувствительности.

значительно хуже — 20 мкм. Расчет кинетики реакций (табл. 2) показывает, что при облучении быстрыми нейтронами, гамма-квантами и ускоренными ионами сдвиг составного ядра намного меньше разрешения метода. Поэтому, как и при облучении тепловыми нейтронами, основные искажения в распределении анализируемого элемента могут возникать вследствие радиационностимулированной диффузии. Но даже при больших дозах облучения этим эффектом можно пренебречь, поскольку коэффициент дифузии тяжелых элементов незначителен.

Проблема загрязнения анализируемой поверхности в трековой авторадиографии стоит менее остро, чем у других методов. Это связано со сравнительно малой распространенностью большинства анализируемых элементов. Загрязнение атмосферным азотом не очень опасно из-за сравнительно невысокой химической активности газа и малой чувствительности метода измерения. Влияние загрязнений чаще проявляется при анализе малых количеств элементов, определяемых с высокой чувствительностью — урана, плутония, бора. Для таких экспериментов подготовку анализируемой поверхности следует проводить более тщательно, стараясь исключить перенос элементов из абразива.

Количественное определение элементов в трековой авторадиографии может проводиться не только эталонным методом, но, что особенно ценно и поэтому часто применяемо, абсолютным методом. Ошибка эталонных измерений определяется статистикой счета треков на участках авторадиограммы. При проведении абсолютных измерений концентрации элементов дополнительную погрешность вносит измерение потоков активирующего излучения. Сравнительно легко достигается точность 5—10% при проведении абсолютных измерений концентрации на участках образца с размерами, на порядок превышающими разрешение метода. В некоторых случаях, например, при активации азота или алюминия быстрыми нейтронами, точность метода значительно ухудшается из-за фона, создаваемого ядрами отдачи в пластиковом детекторе.

Экспрессность и производительность трековой авторадиографии при активации нейтронами и гамма-квантами выше, чем при активации заряженными частицами, поскольку появляется возможность облучать одновременно большое количество образцов, а регистрируется зачастую мгновенное излучение.

Резкое деление по массам анализируемых элементов (табл. 2) указывает на области применения трековой авторадиографии — изучение распределения элементов, находящихся на противоположных концах периодической системы Менделеева. Большое количество работ, выполненных при исследовании таких сложных объектов как горные породы, сплавы многих металлов, биологические образцы, показало независимость в большинстве случаев результатов анализа от матрицы анализируемого образца.

Обзор работ по активационной авторадиографии показывает, что существует реальная возможность преодоления главного недостатка авторадиографического метода — определения в большинстве случаев только одного элемента в исследуемом образце — путем последовательного применения частных методик. Именно в этом направлении авторы настоящей работы разрабатывали схему авторадиографического анализа нескольких элементов в одном образце [24].

Прогресс в развитии активационной авторадиографии намечается не только в направлении сочетания частных методик, но и в совершенствовании отдельных этапов авторадиографического эксперимента — активации образцов, регистрации излучений и обработки полученных данных.

Так многообещающей с точки зрения расширения круга определяемых элементов представляется активация образцов многозарядными ионами и гамма-квантами пока редко применяемая. Получение нейтронов в узком диапазоне энергий с помощью ускорителей заряженных частиц позволит полнее использовать реакции (n, p) и (n, α) на быстрых нейтронах и, возможно, даже освоить резонансную область энергий.

Улучшение технической оснащенности активационного анализа в целом несомненно скажется и на активационной авторадиографии — повысится экспрессность, производительность и достоверность метода. Последнее касается борьбы с влиянием загрязнений на результаты анализа таких элементов как углерод, кислород, азот путем получения безмасляного вакуума и ионной очистки анализируемой поверхности непосредственно в камере ускорителя перед облучением. Автоматизация облучения образцов и их доставки на авторадиографирование позволит работать с короткоживущими изотопами.

Имеются резервы совершенствования метода и на этапе регистрации излучения. Практически неразработанной областью является использование люминофоров, кристаллических хлорсеребряных детекторов [18] и безазотных мелкозернистых фотоэмульсий [19] в авторадиографии. Значительное улучшение разрешения активационной авторадиографии короткоживущих изотопов может быть достигнуто, если будут созданы быстросохнущие мелкозернистые фотоэмульсии.

В литературе имеются данные о регистрации протонов безазотными трековыми детекторами — лексаном поликарбонатом и ацетатом целлюлозы [20]. Эти сведения, правда, требуют проверки, поскольку упомянутые детекторы во многих других сообщениях нечувствительны к протонам. Трудность регистрации протонов с помощью трековых детекторов не позволяет пока использовать ряд аналитических реакций, например, $^{14}N(n, p)^{14}C$, известную реакцию развала дейтрона — $^{2}H(\gamma, n)^{1}H$ или реакцию $^{3}He(n, p)^{3}H$.

Совершенствование методик наблюдения авторадиограмм связано с применением современных приборов. Электронная микроскопия, сделавшая большие успехи при исследовании фотоэмульсионных авторадиограмм, в трековой авторадиографии почти не применяется. Высокое разрешение электронного микроскопа позволяет уменьшить диаметр треков и, соответственно, увеличить их плоность без взаимного положения. Это улучшает разрешение и статистику авторадиографии. Кроме того, исследование формы треков позволяет производить спектрометрию продуктов ядерных реакций, а, следовательно, идентифицировать трековые изображения распределения разных элементов. Особенно интересно разделять треки ядер отдачи, образующихся в большинстве реакций.

Значительно шире будут применяться автоматические системы для снятия количественных характеристик с авторадиограмм. Уже сейчас производятся сканирующие микрофотометры для измерений плот-

Mitteilungen / Information

IAEA: JAHRESBERICHT 1983

Kernkraftanlagen werden - nach den letzten Voraussagen der IAEA - bis zum Jahre 2000 mindestens 20% unseres elektrischen Stromes liefern. Das bedeutet eine nukleare Stromerzeugung von 485-725 Gigawatt (elektrisch), also bedeutend weniger als die 720-950 GW(e), die noch vor zwei Jahren ins Auge gefasst wurden. In ihrem nunmehr erschienenen Jahresbericht 1983 weist die IAEA auf ein allgemein starkes Anwachsen der Investitionen fuer Kernkraftanlagen waehrend des Jahres hin. Da diese Investitionen ungefaehr 80% der Gesamtkosten des von Kernkraftwerken erzeugten Stromes ausmachen, gelten die groessten Bemuehungen um die Kernkraft nunmehr der technischen und wirtschaftlichen Leistung der Anlagen. Daher wird, neben der Standardisierung der Zulassungsverfahren und der Reduzierung der Bauzeiten, auch die Zuverlaessigkeit der Kernkraftanlagen als Schluessel zur Konkurrenzfaehigkeit dieser Anlagen auf lange Sicht unterstrichen. Bis Ende 1983 war die Gesamtkapazitaet der Kernkraftwerke in der ganzen Welt durch die Inbetriebnahme von 25 neuen Anlagen auf 191 GW(e) angewachsen. Von diesen Kraftwerken befinden sich drei in Entwicklungslaendern. Ungefaehr 12% des gesamten im Jahre 1983 erzeugten Stromes wurde von Kernkraftwerken geliefert. Im Jahresbericht stellt man ein erneutes Interesse an Reaktoren kleiner und mittlerer Leistung, die sowohl der Stromerzeugung als auch der Waermelieferung dienen, fest: dies koennte unter Umstaenden - falls die wirtschaftliche Wettbewerbsfaehigkeit solcher Reaktoren bewiesen werden kann - zu der Eroeffnung neuer Maerkte fuehren. Die Bemuehungen, die Sicherheit von Kernforschungs- und Kernkraftanlagen in der ganzen Welt zu erhoehen, wurde von verschiedenen Programmen der IAEA unterstuetzt und gefoerdert. Weitere sechs "Sicherheitsfuehrer" wurden als Teil des NUSS-Programmes (nukleare Sicherheitsnormen), das die Verfassung von international akzeptierten Sicherheitsvorschriften fuer Kernkraftwerke als Ziel hat, herausgegeben. Vorbereitungen fuer die Einfuehrung eines Stoerfall-Berichterstattungssystems der IAEA, das Informationen ueber alle Stoer- und Zwischenfaelle bei Kernkraftanlagen, die fuer die Sicherheit von Belang sind, konzentrieren soll, sind weiter gediehen. Der Umfang dieses Programmes (in US-Dollar ausgedrueckt) hat sich zwischen 1980 und 1983 verdoppelt. Der Fonds fuer technische Hilfe und Zusammenarbeit - die bedeutendste Quelle fuer die Finanzierung der durch die IAEA geleisteten technischen Kooperation - ist in dieser Zeitspanne von 10,6 Mill. auf 19,2 Mill. angewachsen. Dreiviertel der im Jahre 1983 bereitgestellten Mittel wurden fuer den Transfer nuklearer Technologie auf Gebieten wie Landwirtschaft, Medizin und Industrie bestimmt. Die uebrigen 25% galten verschiedenen Vorhaben auf dem Gebiete der nuklearen Sicherheit und der Entwicklung der Kernkraft. Ausgezeichnete Fortschritte wurden im Laufe des Jahres 1983 auf zwei Programmgebieten besonderer Bedeutung gemacht:

Die Durchfuehrung eines Projekts fuer die Ausrottung der Mittelmeerfruchtfliege in Aegypten. Die Ausbildung des Personals, das eine Anlage zur Massenzuechtung steriler Fliegen betrieben und die Freilassung der Fliegen sowie andere Operationen durchfuehren soll, wird kostenlos vom Mitgliedsstaat Mexiko uebernommen. Eine erste Kosten-Nutzen-Analyse deutet auf einen Nettovorteil fuer Aegypten - wenn das Projekt einmal voll im Gange ist - von ungefaehr 50 Mill. jaehrlich hin.

Ein im Jahre 1980 entstandenes Abkommen, das ein regionales kooperatives Projekt auf dem Gebiet der Lebensmittelbestrahlung in Asien aufstellte, wurde um ein weiteres Jahr ab 28. August 1983 verlaengert. Das sogenannte RCA - ein Abkommen ueber Zusammenarbeit auf dem Gebiete der Kerntechnologie in Asien und im pazifischen Raum - wurde erweitert und umfasst nunmehr 14 Einzelprojekte, von denen sich vier neue Projekte mit der praktischen Anwendung von kerntechnologischen Verfahren in der Medizin und in der Biologie befassen, waehrend ein weiteres neues Projekt die Verwendung von Forschungsreaktoren fuer Grundlagenforschung zum Ziel hat.

Wie in den vorhergehenden Jahren, hat die Anwendung der Sicherheitskontrollmassnahmen der IAEA auch 1983 keine Unregelmaessigkeiten zutage gebracht, die auf die Abzweigung von signifikanten Mengen der Sicherheitskontrolle unterliegenden Kernmaterials zu unerlaubten Zwecken haetten schliessen lassen. Im Jahresbericht findet sich dementsprechend der Satz: "Die Schlussfolgerung scheint angemessen, dass das der Sicherheitskontrolle der IAEA unterliegende Kernmaterial ausschliesslich zu friedlichen Zwecken verwendet oder sonst in zufriedenstellender Weise registriert wurde". (IAEA-Pressekommunique 84/17)

Kurznachrichten / Newlets

Strahlenschutz:
STROM GEGEN STRAHLUNG

Forschungen von Wissenschaftlern der Universitaet Charkow ergaben, dass man auch mit elektrischem Strom Zellen vor hohen Dosen ionisierender Strahlung schuetzen und damit unerwuenschte Veraenderungen im genetischen Apparat der lebenden Zelle verhindern kann. W. Schachbasow, Leiter des Lehrstuhls Genetik, sagte: "Die Experimente wurden mit einer Futterkultur, mit Ackerbohnen, ausgefuehrt. Vor und nach der Bestrahlung wurden die kleinen Wurzeln der Pflanze schwachem Gleichstrom ausgesetzt. Es zeigte sich, dass nur halb so haeufig Veraenderungen im genetischen Apparat wie Chromosomenschaeden auftraten". Der Mechanismus dieser Erscheinung ist bisher noch nicht vollstaendig geklaert, doch Genetiker sind der Meinung, dass des Raetsels Loesung in der Energetik der Zelle zu suchen ist. Der elektrische Strom ruft in den Pflanzen eine aktive Umverteilung der geladenen Atome, der Ionen, hervor. Infolgedessen sind die teilungsfaehigen Zellen mit mehr Energie ausgestattet, das heisst, die Festigkeit des Kerns erhoeht sich, ebenso verstaerkt sich die Faehigkeit, am genetischen Apparat auftretende Schaeden selbst zu beheben. Damit bieten sich neue Moeglichkeiten fuer die Anwendung einer effektiven biophysikalischen Methode zum Schutz von lebenden Organismen vor ionisierender Strahlung. (Presse der Sowjetunion (1984) 9, S. 25)

Elektronenbeschleuniger:
BESTRAHLUNGSENTWESUNG VON GETREIDE

Das sowjetische Aussenhandelsunternehmen "Techsnabexport" bietet Getreideentwesungsanlagen auf der Basis des Elektronenbeschleunigers ELW-2 mit einer Energie von 1,4 MeV an. Bei einer Getreidebestrahlungsdosis von 0,2-0,3 kGy (20-30 krd) betraegt die Leistung einer Linie 200 t/h. Als Vorteil der Methode werden angegeben:

- Garantie einer vollstaendigen Vernichtung der Insekten in allen Stadien der Ontogenese,
- keine Verunreinigung der Umgebung und des Getreides,
- sofortige Benutzbarkeit des bestrahlten Getreides,
- Entwesung des Getreidestroms mit einer Leistung, die der Leistung der technologischen Ausruestung moderner Getreidespeicher entspricht,
- volle Automatisierung des Entwesungsablaufes,
- absolute Sicherheit fuer die Menschen,
- keine Stillegung des Betriebes waehrend der Entwesung. (Exporteur: V/O Techsnabexport,

UdSSR-121200 Moskau, Smolenskaja-Sennaja-Platz 32/34)

Isotopentrennung:
EIN NEUARTIGES VERFAHREN
Wissenschaftler der Ecole Polytechnique Fédérale in Lausanne haben ein Trenn-Duesenverfahren mit Hilfe von Lasern entwickelt. Wird SF_6 gemeinsam mit Ar durch eine Duese gepresst, koennen sich nach der Expansion an das SF_6 einige Ar-Atome anlagern und Cluster bilden. Bestrahlt man aber vorher diese Molekuele mit einem IR-Laser einer isotop-spezifischen Wellenlaenge, so lagert sich das Ar nicht an und die Molekuele diffundieren dann schneller als der angereicherte Rest-Strahl. Das Verfahren hat eine sehr hohe Ausbeute und fuer S-34 liess sich der Trennfaktor von 1,01 auf annaehernd 2 steigern. Das Verfahren wurde auch bei SiF_4 und CF_3Br angewendet und es konnten auf diese Weise ausserdem die Si- bzw. Br-Isotope getrennt werden. (Physic. Rev. Letters 52(1984)522)

Energiewirtschaft:
NUKLEARE FERNWAERME FUER FISCHZUCHT UND GARTENBAU IN BELGIEN
Nach einjaehriger Bauzeit sind in Belgien Ende Mai 1984 die Anlagen des Fischzuchtunternehmens "Piscimeuse" und der Gaertnerei "Florimeuse" eingeweiht worden, die bei ihrem Betrieb Abwaerme aus dem nahegelegenen Kernkraftwerk Tihange nutzen werden. Die bloss einige hundert Meter von der Nuklearanlage entfernten Becken von Piscimeuse sollen die Aufzucht von rund 250 Tonnen Fisch pro Jahr ermoeglichen. Das Gartenbauunternehmen Florimeuse dehnt sich ueber eine Flaeche von rund 15000 m^2 aus und ist damit eines der groessten der Region. Neben dem Anbau von Geranien sind auch Versuche mit der Zucht von Zimmerpflanzen und Rosen vorgesehen. (SVA-Bulletin (1984)12)

Strahlentechnik:
STRAHLENBEHANDLUNG VON GUMMI
Das Japan Atomic Energy Research Institute (Jaeri) und die indonesische National Atomic Energy Agency (Batan) haben am 1. Mai 1984 eine Vereinbarung ueber die Zusammenarbeit auf dem Gebiet der Strahlennutzung abgeschlossen. Zweck des Uebereinkommens ist die Foerderung der Grundlagenforschung im Bereich der Strahlenbehandlung, namentlich zur Qualitaetsverbesserung bei Latex (Naturgummi). Indonesien ist, nach Malaysia, der zweitwichtigste Gummiproduzent der Welt. Die Batan verfuegt bereits ueber eine 300-kCi-Co-60-Bestrahlungsanlage zu Forschungs- und Entwicklungszwecken, die mit Unterstuetzung des Takasaki Radiation Research Establishment des Jaeri gebaut wurde. (SVA-Bulletin (1984) 12, S. 8)

Strahlenschutz:
MESSUNGEN IN SEASCALE
Aufgrund der Empfehlungen des Health and Safety Ececutive und des Radiochemical Inspectorate hat der National Radiological Protection Board (NRPB) Dosimetriemessungen an Menschen und Material in Seascale in der Naehe von Sellafield vorgenommen. Ausserdem wurden in 20 Haushalten Staubproben gesammelt und vermessen. Der Durchschnittswert des nicht durch kuenstliche Radioaktivitaet belasteten Menschen liegt nach Angaben des NRPB in Grossbritannien fuer Cs-137 bei 40 Bq, ein Wert, der nur mit dem Ganzkoerperzaehler nachgewiesen werden kann. Zweck der Untersuchung war die Feststellung, ob Personen in West-Cumbria, die aus dieser Region bezogene Nahrungsmittel aufgenommen haben, einen hoeheren Cs-137-Wert aufweisen, der z.B. durch den Verzehr von Fisch aus diesem Gebiet hervorgerufen sein koennte. (Atomwirtschaft (1984) 6, S. 278)

AKTIVITAETSMESSUNGEN IM HAUSHALT
Der Minister for Health hat den National Radiological Protection Board (NRPB) aufgefordert, ein Messprogramm ueber die Radioaktivitaet im Haushaltsstaub in der Grafschaft Cumbria in die Wege zu leiten. Der NRPB hat daraufhin ein Programm ausgearbeitet, in dessen Rahmen in einer statistischen Zahl von Haushalten in der Umgebung von Sellafield Staubproben gesammelt und untersucht werden sollen. Gleichzeitig werden diese Untersuchungen an anderer Stelle parallel durchgefuehrt. (Atomwirtschaft (1984) 6, S. 278)

Urananreicherung:
JAPAN MIT LASER-U-ANREICHERUNG DABEI
Wie das japanische Institut of Physical and Chemical Research (IPCR) Ende Maerz 1984 mitteilte, hat es einen abstimmbaren Raman-IR-Laser entwickelt, der mehrere Erfordernisse im Hinblick auf die Isotopentrennung schwerer Metalle und damit auf die U-Anreicherung erfuellt. Das japanische System erbringt eine Pulsenergie von 1,7 J in einem Wellenlaengenbereich von 13 bis 18 µm. Es besteht aus einem Hochleistungs-CO_2-Laser mit 9 bis 11 µm sowie einem Raman-Oszillator, der die Laser-Lichtpulse durch den Raman-Effekt in tiefgekuehltem H_2-Gas von -200°C mit einer Effizienz von 80% in Lichtpulse von 13 bis 18 µm umwandelt. Damit verfuegen die Japaner ueber eine starke Laserlichtquelle im interessanten Wellenlaengenbereich um 16 µm, der fuer die Laser-Isotopentrennung mit molekularem UF_6-Gas erforderlich ist. Es sei bemerkt, dass das amerikanische Department of Energy (DOE) 1982 im Rahmen seines AIS-Programms (Advanced Isotope Separation) aus verschiedenen modernen Methoden zur U-Anreicherung das sogenannte Avlis-Verfahren (Atomic Vapor Laser Isotope Separation) zur Weiterentwicklung ueber den Labor-Massstab hinaus ausgewaehlt hat. Das Avlis-Verfahren beruht auf der Laser-Bestrahlung eines U-Atom-Metalldampfstroms. Es stellt u.a. wegen der sehr hohen Temperaturen und der Korrosivitaet des U-Metalldampfes ausserordentliche technologische Anforderungen. Ein Laser-Anreicherungsverfahren, das auf der Bestrahlung von UF_6-Gasmolekuelen beruht (Mlis, Molecular Laser Isotope Separation), wuerde in dieser Hinsicht bedeutende Vorteile bieten. Allerdings fehlte bisher der entscheidende Durchbruch bei der Entwicklung einer genuegend leistungsfaehigen Laserlichtquelle im dafuer erforderlichen Wellenlaengenbereich um 16 µm. Von den Laser-Verfahren, an denen in verschiedenen Laendern gearbeitet wird, verspricht man sich im Falle einer spaeteren Kommerzialisierung eine einschneidende Reduktion der U-Anreicherungskosten, da hier der Isotopentrenneffekt einer einzigen Trennstufe 100 bis 1000mal groesser ist als bei den herkoemmlichen Anreicherungsverfahren mit UF_6-Gasdiffusion oder mit UF_6-Gaszentrifugen. (SVA-Bulletin (1984)11, S. 10)

Kernenergie:
"WATT COMMITTEE ON ENERGY" FUER KERNENERGIE
Das unabhaengige britische "Watt Committee on Energy" bricht in seinem juengsten Bericht eine Lanze fuer die Kernenergie. Der in 2jaehriger Arbeit erstellte 86seitige Bericht gelangt zum Schluss, Nuklearstrom koenne in Grossbritannien heute im Vergleich zu Strom aus Kohlekraftwerken zu wettbewerbsfaehigen Preisen erzeugt werden und werde in Zukunft sogar billiger sein als dieser. Der in der Nuklearindustrie erarbeitete Sicherheitsstandard werde von keinem anderen Industriezweig erreicht. Zur Wirkung der Kernenergie auf die Umwelt haelt das Komitee fest: Verglichen mit zahlreichen anderen, traditionellen Industrien koenne sich die Nuklearindustrie ihrer Umweltbilanz durchaus ruehmen. Das "Watt Committee on Energy" wurde 1976, auf dem Hoehepunkt der internationalen Energiedebatte, gegruendet. Es besteht aus Vertretern von 64 Berufsorganisationen aus dem Energiesektor, die zusammen rund eine halbe Million Wissenschafter, Ingenieure, Architekten und hoehere Angestellte repraesentieren. Mit seinen

bisher 13 Berichten zu Energiefragen hat sich das Komitee den Ruf eines Forums von besonderer Unabhaengigkeit und Glaubwuerdigkeit geschaffen. (SVA-Bulletin (1984) 9, S. 8)

STROM-GESTEHUNGSKOSTEN VERSCHIEDENER KRAFTWERKSTYPEN IN ITALIEN

Die Gestehungskosten italienischer Kernkraftwerke liegen eindeutig unter den entsprechenden Kosten der Kohle- und massiv unter den Kosten der Oelkraftwerke. Nach Angaben der staatlichen Elektrizitaetsgesellschaft Ente Nazionale per l'Energia Elettrica (Enel) betragen die Strom-Produktionskosten bei Kernkraftwerken 42 Lire/kWh, (Lit./kWh) bei Kohlekraftwerken 57 Lit./kWh und bei Oelkraftwerken 81 Lit./kWh.
Die Angaben beziehen sich auf Kraftwerke, die in der Grundlast gefahren werden. Sie geben den Stand vom 1. Januar 1984 wieder. Bei den Kernkraftwerken sind die Ausgaben fuer die Stillegung und den Abbruch inbegriffen. Dagegen ist bei den Kohlekraftwerken der Preis einer allfaelligen Rauchgasreinigung nicht beruecksichtigt. (SVA-Bulletin (1984) 12, S. 10)

KONSTANTE PREISVORTEILE DER KKW-PRODUKTIONSKOSTEN IN FRANKREICH

Der Preisvorteil der Elektroenergie aus KKW ist nach den juengsten Studien einer Arbeitsgruppe des franz. Industrie- und Forschungsministeriums gegenueber der Elektrizitaet aus Kohle- und Oelkraftwerken weiterhin betraechtlich. Die Stromgestehungskosten (Preisniveau 1.1.1984) eines 1992 den Betrieb aufnehmenden Kernkraftwerkes werden mit 22,7 c/kWh angegeben, eines entsprechenden Kohlekraftwerkes mit 35,0 c/kWh. Die Kosten beziehen sich auf Kraftwerke, die im Grundlastbereich gefahren werden, und schliessen bei den KKW Endlager- und Abbruchkosten, bei den Kohlekraftwerken Rauchgasentschwefelungskosten ein. Die zu erwartenden Produktionskosten der Oelkraftwerke dagegen erhoehten sich in demselben Zeitraum massiv. (SVA-Bulletin (1984)13, S. 17)

ERSTE BESTELLUNGEN FUER NEUEN FRANZ. REAKTOR

Das staatliche Elektrizitaetsunternehmen Electricite de France (EDF) hat der franzoesischen Reaktorbaufirma Framatome kuerzlich den Auftrag zum Bau der beiden ersten Reaktoren des neuen Modells N4 erteilt. Beim Druckwasserreaktor N4 handelt es sich um eine franz. Neuentwicklung fuer Bloecke mit einer Leistung von 1450 MW, einem neuen Spitzenwert in der westlichen Hemisphaere. Die nun bestellten Anlagenteile sind fuer die Bloecke Chooz-B1 und -B2 nahe der Grenze zu Belgien bestimmt, die von der EDF mit belgischer Beteiligung gebaut werden. (SVA-Bulletin (1984) 13, S. 9)

Umwelt:

BELASTUNG DER BIOSPHAERE

Im Hinblick auf die Gefahren weltweiter klimatischer Veraenderungen durch CO_2 muessen die fossilen Brennstoffe - Kohle, Oel und Gas - so sparsam und effektiv wie moeglich genutzt werden. Dies ist das Ergebnis einer Studie, die von der KFA Juelich angefertigt wurde. Neben der Belastung der Biosphaere durch saure Niederschlaege und gasfoermige Schadstoffe habe auch der Anstieg der CO_2-Konzentration ein **beunruhigendes** Mass angenommen. In der Troposphaere fuehrt der CO_2-Anstieg zu einer Erwaermung der Lufthuelle, die unter dem Namen "Treibhauseffekt" bekannt ist und weltweite klimatische Veraenderungen zur Folge haben kann, deren Auswirkungen heute nur abgeschaetzt werden koennen: Extreme Wettersituationen, Ueberschwemmung von heute dichtbesiedelten Gebieten oder Veraenderungen in der Ertragssituation bei Nutzpflanzen. (Atomwirtschaft/Atomtechnik (1984) Juni, S. K+U II)

Veröffentlichungen / Publications

NUCLEAR POWER: STATUS AND TRENDS 1984
STI/PUB/680, IAEA, Viena, 1984, 64 pp.
This report has been prepared by the IAEA Division of Nuclear Power in order to give a comprehensive and neutral global overview of development trends in nuclear power. It is based on data available in the Division, in the Energy and Economic Data Bank and in the Power Reactor Information System and it also uses the main conclusions from the IAEA Conference on Nuclear Power Experience, held in September 1982. If the reports is found useful it is planned to issue it at a two or three years' interval.

COBALT-60 TELETHERAPY: A COMPENDIUM OF INTERNATIONAL PRACTICE
M. Cohen, J.S. Mitchell, IAEA, Vienna, 1984

ISOTOPE HYDROLOGY 1983
IAEA, Vienna, 1984

OPERATIONAL SAFETY OF NUCLEAR POWER PLANTS
IAEA, Vienna, 1984, 2 Vol.s

ADVANCES IN DOSIMETRY FOR FAST NEUTRONS AND HEAVY CHARGED PARTICLES FOR THERAPY APPLICATIONS
IAEA, Vienna, 1984

UNITED KINGDOM ATOMIC ENERGY AUTHORITY

AERE-R 9185
Harwell subroutine library. A catalogue of subroutines - March, 1984, 68 pp.

AERE-R 10656
A personal alpha-in-air alarm monitoring system - April, 1984, 12 pp., S.J. Sangwine

AERE-R 11151
Washing of plutonium-contaminated combustible materials. Design and inactive operation of the AERE 5 kg batch wash rig - February, 1984, 35 pp., P.J. Ashby et al.

ND-R 1003(R)
A versatile microprocessor-based scan controller for use with NDT manipulators - March, 1984, 34 pp., P.Clough

SRD-R 254 A
A suggested method for the treatment of human error in the assessment of major hazards - March, 1984, 51 pp., R.F. White

SRD-R 298
The standardisation of radon and thoron emanation measurements - May, 1984, 17 pp., K.D. Cliff et al.

STAATLICHES AMT FUER ATOMSICHERHEIT UND STRAHLENSCHUTZ

SAAS - 312

1982 UNSCEAR Report on the assessment of human exposure levels - 29 S., 1984, B. Doerschel

SAAS - 313

Thermomigration von Fluessigkeitseinschluessen in Steinsalz. Schlussfolgerungen fuer die Endlagerung von radioaktiven Abfaellen - 70 S., 1984, W. Noack und K. Runge

SAAS - 315

Testing of Type A and Type B packages in accordance with IAEA Transport Regulations - 39 S., 1984, F. Nitsche u.a.

SAAS 316

Procedures and practices in nuclear material accounting and reporting in the GDR - 32 S., 1984, M. Burmester u.a.

SAAS - 317

Wanddosis-Verteilungen in Bestrahlungsraeumen

von Hochvoltradiotherapieanlagen - 12 S., 1984, H. Rahn u.a.

Ausgewählte Beiträge / Recently published papers

BILD DER WISSENSCHAFT 21(1984)8
Synchrotron-Strahlung: Wunderlampe fuer die Mikrowelt - Chr. Kunz

ATOMNAJA ENERGIJA 57(1984)4 (all in Russian)
Prospects for Nuclear Power in Fossil-Fuel Conservation - S.Ya. Chernavsky

Nuclear Data Requirements for Fast Reactors - V.N. Manokhin et al.

Absolute Measurements of Pu-239 Fission Cross-Sections by 8,5 MeV Neutrons - R. Arlt et al.

The Measurement of Alpha Values at U-235 Resonances - Yu. V. Adamchuk et al.

Fast-Neutron Interaction Cross-Sections for Chromium and its Isotopes - I.A. Korzh et al.

Neutron Generator with a 10^{12} s^{-1} Yield - G.G. Voronin et al.

The Use of a Linear Polarimeter in Studying Gamma Radiation from Reaction $(n, n' \gamma)$ - L.I. Gover et al.

The Half-Life of Pu-240 Spontaneous Fission - A.A. Androsenko et al.

Apparatus for Autoradiographic Monitoring of Nuclear-Fuel Component Distribution - I.A. Golenishchev et al.

On the Relationship Between Dose-Equivalent of Photons and Exposure - Yu. G. Kostyleva et al.

On Terms and Terminology Standards - Ya.V. Shevelyov

Accumulation of Radioactive Isotopes in Nickel During Electron and Photon Irradiation - N.L. Emets et al.

Calculation of the Absorbed Dose of Electron Bremsstrahlung - V.I. Isayev et al.

Tritium Balance in the Baltic Sea in 1972-1982 - S.M. Vakulovsky

ATOMNAJA ENERGIJA 57(1984)5 (all in Russian)
A special issue about:
XXX Years of Nuclear Power Anniversary Conference in Obninsk

The XXXth Anniversary of Nuclear Power Engineering in the USSR and its Safety Problems - E.V. Kulov et al.

On the Collaboration of Member States in the Growth of Nuclear Power - A.F. Panasenkov

Nuclear Power in the Peopl's Republic of Bulgaria - I. Pandev et al.

Growth of Nuclear Power in the People's Republic of Hungary - D. Ostrovski

Energy Policy of the Xth CMEA Congress and Peaceful use of Atomic Energy in the GDR - V. Mitzinger et al.

The Role of Nuclear Power in Czechoslovakia and Its Growth Within the Framework of CMEA Collaboration - S. Gavel

On Terms and Terminology Standards - V.Ya. Shevelyov

Prospects for Nuclear Power in Fossil Fuel Conservation - S. Ya. Chernavsky

On Optimization of Marine Nuclear Power Plant Characteristics Using a Complex Criterion - V.N. Dolgov

Apparatus for Autoradiographic Monitoring of Nuclear-Fuel Component Distribution - I.A. Golenishchev

The Half-Life of Pu-240 Spontaneous Fission - A.A. Androsenko et al.

Delayed-Neutron Kinetic Functions of Th-232 and U-238 Mixtures - P.P. Ganich et al.

Ionizing Radiation Energy Conversion in an Electrochemical Cell with a Semiconductor Electrode - M.D. Krotova et al.

J. RADIOANALYT. NUCL. CHEM.-LETT. 87(1984)2
The influence of oxygen on the radiolytical products of cellulose - R. Bludovsky et al.

The deuteration of p-substituted phenylalanines - M. Kanska

Pyrolysis of propane in the presence of $^{14}C_2H_4$: Studied by the kinetic isotope method - A.M. Kaminski

Chemical effects of neutron induced nuclear reactions in KIO_4 at different pH of dissolution - R.B. Sharma et al.

Chemical effects induced by γ-irradiated alkali halides in aqueous binary mixtures of nitrates and iodides - S.F. Patil

IAEA-BULLETIN 26(1984)2
Twenty years' collaboration in R&D for food and agricultural development - B. Sigurbjoernsson et al.

Animal production and health - J.W. Czerkawski et al.

Chemicals for agriculture - J.R. Plimmer

Food irradiation makes progress - J. van Kooij

Atoms for pest control - D. A. Lindquist

Better cultivars - more food - A. Micke

Enhancing biological nitrogen fixation - S.K.A. Danso et al.

Effective utilization and management of research reactors - R. Muranaka

Isotope hydrology in water resources development - T.T. Akiti

Practical experience in the application of Quality Control in water-reactor fuel fabrication - A. Manin

Site investigation techniques and assessment methods for underground disposal of radioactive wastes - J.U. Heinonen

ATOMWIRTSCHAFT/ATOMTECHNIK 29(1984)4
Die Bewertung von Kraftwerksinvestitionen bei unsicheren Energiepreisen - L. Kummer

LEP - groesster Teilchenbeschleuniger der Welt - H. Henke

Kernkraftwerke in den USA 1983

Energie und Schule - Ch. Coninx

Ueber 8 Jahre Grossversuche zur Reaktorsicherheit am HDR (Bericht ueber den 7. PHDR-Statusbericht in Karlsruhe)

ности почернения контрастных авторадиограмм [21], а плотность треков можно определять с помощью телевизионных оптических и электронных микроскопов с компьютерами типа ,,Квантимет,, [22]. Последний этап авторадиографического эксперимента — определение расположения анализируемого элемента в образце по авторадиографической картине, производится при помощи теории авторадиографической системы, разработанной Блекеном [23]. Из-за сложности расчетов эта теория пока применяется достаточно редко. Поэтому одной из первоочередных задач в авторадиографии является применение ЭВМ для обработки авторадиографических изображений.

Поступила в редакцию 16/XI, 1983 г.
24/V, 1984 г.

Литература

[1] *Ю. Ф. Бабикова, Ю. Я. Курочкин, В. М. Минаев*, В сб. ,,Метод изотопных индикаторов в научных исследованиях и в промышленном производстве“, Атомиздат 1971, 104

[2] *D. M. Holm, W. W. Sanders* et al., The Second Intern. Symposium on Nucleonics in Aerospace, Coloumb, Ohio (1968) 306

[3] *А. А. Бочвар, Н. Л. Грузин, Г. И. Томсон, Ю. Ф. Бабикова, Ю. Я. Курочкин, В. М. Минаев, Ю. И. Петров*, Атомная энергия **27** (1969) 193

[4] *Ю. Ф. Бабикова, В. Н. Гладков, В. С. Зотов, Ю. Я. Курочкин, В. М. Минаев, Н. Д. Корниенко*, В сб. ,,Получение и исследование свойств чистых металлов,, (1970) **2** Харьков, ХФТИ 121

[5] *В. И. Казакевич, Ю. Г. Полистанский, Ю. Ф. Бабикова, В. М. Минаев*, Заводская лаборатория **37** (1971) 805

[6] *J. S. Sheasby, B. Cox*, J. Less-Comman Met. **15** (0000) 129

[7] *R. N. Condit, J. B. Holt*, J. Electrochem. Soc. **114** (1967) 1100

[8] *И. Я. Тауре*, ,,Активационная авторадиография“, в сб. ,,Активационный анализ“. Рига: ,,Зинатне“ 1976, 5

[9] *R. L. Fleisher, P. B. Price, R. M. Walker*, J. appl. Phys. **36** (1965) 3645

[10] *G. M. Flerov, I. G. Berzina*, J. Radioanal. Chem. **16** (1973) 461

[11] *Е. М. Гринберг*, Вопросы металловедения и физики металлов вып. 2 (1974) 90

[12] *А. А. Гусаков, Г. Г. Рябова, Э. П. Грузина*, Заводская лаборатория **44** (1978) 37

[13] *А. А. Гусаков, В. М. Минаев, Ю. Г. Мокров, Г. Г. Рябова*, В сб. ,,Тезисы докладов IУ Всесоюзного совещания по активационному анализу“, г. Тбилиси 1977, 133

[14] *Б. П. Зверев, О. Г. Мутазин, Л. Е. Красивина, М. Арипов, Н. Жусаев, М. Ж. Усманова, В. П. Ларченко*, Там же 275

[15] *Г. Н. Флеров, И. Г. Берзина, И. Б. Берман, И. В. Мельников*, Атомная энергия **37** (1974) 499

[16] *Л. А. Берзина, Ю. И. Бурмистенко, Е. И. Железнова, А. С. Конев, В. И. Кузьмин, Ю. В. Феоктистов*, Геохимия (1977) 141

[17] *K. Cichomiska, L. Walis, M. Radwan*, Atomki Kozlem. **7** (1975) 293

[18] *Н. Н. Кочеров, Н. Р. Новикова, Н. А. Перфилов*, Атомная энергия **38** (1975) 49

[19] *Н. А. Перфилов, Н. Р. Новикова, В. И. Захаров*, ,,ЖН и ПФК“ **18**, Н3, 220

[20] *M. Varnadu, J. Csikai, J. Szabo, S. Szegedu, J. Wanhalmu*, Nucl. Instr. and Meth. **119** (1974) 451

[21] *И. Б. Берман, А. П. Столярова*, Докл. АН СССР **237** (1977) 932

[22] *C. B. Besant, E. R. Truch*, Microscope **20** (1972) 127

[23] *S. Blecken*, Z. Naturforschg. **236** (1968) 1339; **236** (1968) 1478

[24] *Ю. Ф. Бабикова, А. А. Тусаков, С. С. Казаков, В. М. Минаев*, В сб. ,,Использование ускорителей элементом анализе“, Ташкент, Фан (1980) 47

Buchbesprechung

Isotopenpraxis **20** (1984) 12, S. **451**

Ion Implantation: Equipment and Techniques Proceedings of the Fourth International Conference Berchtesgaden, Fed. Rep. of Germany, Sept. 13—17, 1982

Ed.: H. Ryssel, H. Glawischnig. Berlin — Heidelberg — New York — Tokio: Springer 1983. X, 556 S., 474 Abb., zahlr. Lit. (Springer Series in Electrophysics, Vol. 11); geb. DM 90.—; US $ 38,80

Das Buch enthält die Vorträge der 4. Internationalen Konferenz ,,Ionenimplantation: Ausrüstung und Technik“, die in Weiterführung der Konferenzserie Salford (1977), Trento (1978) und Kingston (1980) stattfand. Der Inhalt ist repräsentativ für den internationalen Entwicklungsstand auf dem Gebiet der Implantationstechnik und vermittelt darüber hinaus sowohl Einblicke in Probleme der Nutzung dieser Technik für die Modifizierung von Metalloberflächen bzw. die Dotierung von Halbleiterschichten als auch in den Stand der Entwicklung von Kurzzeit-Ausheilverfahren zur Beseitigung bzw. Minderung von Strahlenschäden. Aufgrund der engen Verknüpfung zwischen Gerätetechnik und Verfahrensfragen sowie der Behandlung der wesentlichen Teilgebiete in Übersichtsvorträgen ist der Band nicht nur für Entwickler von Implantationsausrüstungen von großem Interesse, sondern kann auch Anwendern und Nutzern aus tangierenden wissenschaftlich-technischen Bereichen empfohlen werden. Folgende Teilgebiete wurden behandelt (in Klammern Anzahl der Vorträge und Hinweise auf Inhalte ausgewählter Vorträge):

Ionenimplantationsanlagen (5; Physikalische Grenzen von Implantationsausrüstungen, Implanter für Solarzellen, RF-Beschleuniger u. a.); Ionenquellen (8; RF-, Duoplasmatron-, Multipol- und Hohlkatoden-Ionenquellen, Optimierung von Extraktionssystemen bei Hochstromionenquellen und rechnergestützte Konstruktion und Testung von Quellen); Implanter-Subsysteme (9; Wafer-Handling-Systeme, Strahlscanner, Hochspannungserzeuger, Rechnersteuerung, Telekommunikationssystem, Verbesserungen an Vakuumsystemen); Spezial-Implantationstechniken (6; Einrichtung zur Hochtemperaturimplantation in pulverförmige Feststoffe, Technik zur Einstellung von Tiefenprofilen durch Targetkippung, Probleme der Substratkühlung u. a.); Ionenstrahllithographie (4; Übersichtsvortrag zum Entwicklungsstand, Simulation lithographischer Eigenschaften von Ionenresists, Maskenabscheidung durch ioneninduzierte Polymerisation u. a.); Meßtechnik (7; Dosimetrie und Strahlqualität, *Van-de-Graaff*-Beschleuniger für RBS und PIXE mit Rechnerauswertung, Kopplung *Mössbauer*-Spektrometer/Implanter u. a.); Implantation in Metalle (4; Technik und Ausrüstungen, Nitrierung von Stählen, Mixeffekte im System Ag—Ni u. a.); Implantation in Halbleiter (11; Grenzen der Implantation in der MOS-Technologie; Implantation für bipolare Bauelemente, Si_3N_4-Erzeugung durch Stickstoff-Implantation und Hochtemperaturbehandlung, Allgemeines zur Anwendung von Hochstromimplantern in der Bauelemente-Technologie u. a.); Kurzzeit-Ausheilung (10; Übersichten zum Stand der Strahlausheilung, Ausheilverhalten von Si-Schichten nach As- und Sb-Implantation mit Nd-Glas-Laser im LPE- und SPE-Regime; CO_2-Laserausheilung von ionenimplantiertem Si, Legierungsverhalten von Au—Ge—Ni-Kontakten auf GaAs bei CW—CO_2-Laser-Beschluß u. a.).

F. Bigl

Isotopenpraxis **20** (1984) 12, S. 452 bis 454

Возможности исследования полупроводникого карбида кремния методом трековой авторадиографии*)

Е. Е. Гончаров, Г. Г. Рябова, Е. Н. Мохов

(Moskauer Ingenieur-Physikalisches Institut)[1]

Применение трековой авторадиографии (ТА) при анализе бора (В) в полупроводниковом карбиде кремния (SiC) дало возможность достигнуть предела определения В в SiC, равного 9×10^{15} *ат/см³ при локальности анализа ~ 1 мкм и повысить избирательность по отношению к примесям N и Al в SiC. Метод ТА позволил решить ряд задач, возникающих при выращивании и применении кристаллов SiC. Определено фоновое содержание В в SiC, выращенном различными методами. Разработана авторадиографическая методика определения концентрационного распределения В по глубине с помощью косого среза. Исследована диффузия В в SiC. Определены степень и неоднородности легирования бором монокристаллов и эпитаксиальных пленок SiC, выращенных различными методами. Разработана методика определения Li в SiC методом ТА, учитывающая присутствие бора в SiC.*

The use of the track autoradiography (TA) in the analysis of the boron (B) in the silicon carbid (SiC) semiconductor gave the possibility to achieve the limit of the boron determination in SiC equal to $9 \cdot 10^{15}$ *atom/cm³ with locality of the order 1 micron. This method raised the selectivity as regards to N and Al impurities in SiC. TA allowed to solve the number of problems arising for growing and application of the SiC crystals. The background B-concentration in SiC growing by the various methods was determined. The autoradiography method of the depth profile boron determination by means of the small-angle cut was elaborated. The diffusion of B in SiC was investigated. The level and unevenness of boron doping in SiC single-crystals and epitaxial films growing by the different methods were determined. The method of the lithium determination in SiC by means of TA was elaborated. This method takes into consideration the boron presence in SiC.*

Keywords

autoradiography; neutron activation analysis; semiconductor materials; silicon carbides

Карбид кремния (SiC) является полупроводником, обладающим рядом уникальных свойств. Термостабильность и радиационная стойкость приборов, которые изготовлены или могут быть созданы на его основе, не имеют себе равных. Однако технологические сложности получения, легирования и изготовления приборов на основе SiC все еще не преодолены полностью, несмотря на более чем 25-летние усилия специалистов ряда стран. Свойства полупроводникового SiC, как и любого другого полупроводника, во многом определяются поведением легирующих примесей. Бор, наряду с алюминием, является одной из основных акцепторных примесей в полупроводниковом SiC. Однако электрофизические методы, обычно используемые при изучении полупроводников, такие как метод измерения электропроводности и метод $p-n$ перехода имеют ряд существенных ограничений. Во-первых, они дают информацию лишь об электрически активном боре, а не о полной его концентрации. Во-вторых, эти имеют невысокую избирательность по отношению к другим примесям p-типа. Поэтому, например, трудно изучать поведение бора в SiC на фоне большой концентрации алюминия, или различать поведение бора и лития. И, в-третьих, низкое разрешение электрофизических методов по поверхности не дает возможность увидети неоднородности легирования.

*) Доклад на XIII международном симпозиуме по авторадиографии, 2–5 мая 1983 в Таборе, ЧССР

[1]) 115409 Moskau, Kaschirskoje Chaussee 31

В настоящей работе для исследования поведения бора и лития в полупроводниковом SiC был применен метод трековой авторадиографии (ТА). Использовались известные ядерные реакции $^{10}B(n,\alpha)^{7}Li$ и $^{6}Li(n,\alpha)^{3}H$. В качестве детектора альфа-частиц была использована пленка из ацетобутирата целлюлозы (АБЦ). Пленка изготавливалась в лабораторных условиях методом налива 10%-ного раствора АБЦ в амилацетате с добавкой метанола (1:50) на полированное стекло. После просушки в течение суток при комнатной температуре и отжига при температуре 140 °С в течение 6 часов детектор отделяли от стекла. Изменяя концентрацию раствора АБЦ и площадь стекла налива, получали пленки АБЦ толщиной от 10 до 100 мкм. Полученная пленка была настолько эластична, что хороший контакт обеспечивался простым прижимом детектора к образцу без специальных кассет, лишь с помощью полиэтиленовых обкладок.

Расчетным и экспериментальным путем были определены параметры, связывающие плотность треков (ϱ), образующихся на АБЦ-детекторе, флюенс тепловых нейтронов (ψ_n) с концентрацией определяемого элемента в карбиде кремния (С). Были получены следующие зависимости для определения бора и лития в SiC:

$$C_B = \frac{2{,}68 \cdot 10^{25}}{\psi_n} \cdot \varrho_B \qquad (1)$$

$$C_{Li} = \frac{1{,}60 \cdot 10^{26}}{\psi_n} \cdot \varrho_{Li} \qquad (2)$$

Формулы (1) и (2) даны для естественной смеси изотопов бора и лития. При использовании обогащенных ^{10}B или ^{6}Li смесей изотопов необходимо вносить соответствующую поправку.

При подстановке в эти формулы плотности треков (ϱ) в единицах [$см^{-2}$] и флюенса нейтронов (ψ_n) в единицах [нейтр/$см^2$] концентрация определяемых элементов будет иметь размерность [ат/$см^3$], обычно используемую при исследовании полупроводников.

Важное значение имеет строгий учет фоновых треков, образующихся на детекторе. Полное число треков ($N_{экс}$), экспериментально наблюдаемое на участке детектора площадью S, складывается из треков от альфа-частиц, образующихся на искомом элементе (N_B или N_{Li}); собственной плотности треков ($N_{соб}/S$), возникающих на детекторе после травления без его облучения; фоновой плотности треков, образующихся под воздействием нейтронного облучения (N_n/S) и вклада от альфа-частиц, образующихся на элементах матрицы образца, в данном случае на SiC (N_{SiC}).

Собственная плотность ($N_{соб}/S$) треков используемого АБЦ-детектора при принятых условиях травления (30% KOH, 8 часов, $T_{травл.} = 20$ °C) оказалась равной $1{,}01 \times 10^5$ $см^{-2}$.

Фоном от матрицы образца (N_{SiC}) можно в данном случае пренебречь, т.к. сечения интерферирующих реакций на изотопах кремния и углерода малы по сравнению с сечениями ядерных реакций, идущих на изотопе ^{17}O кислорода, входящего в состав самого детектора.

Фон треков от заряженных частиц, образующихся в самом АБЦ-детекторе при облучении нейтронами (N_n) связан как с регистрацией альфа-частиц от ядерной реакции $^{17}O(n,\alpha)^{14}C$ (содержание в естественной смеси изотопов кислорода — $3{,}7 \times 10^{-2}$%), так и с регистрацией ядер отдачи от быстрых нейтронов. Ранее, в работе [1], были экспериментально определены вероятности образования фоновых треков в АБЦ-детекторах при облучении тепловыми ($f_{т.н}$) и быстрыми нейтронами ($f_{б.н}$): $f_{т.н} = 9 \times 10^{-10}$ нейтр$^{-1}$, $f_{б.н} = 4 \times \times 10^{-7}$ нейтр$^{-1}$. Т.о., N_n определялось в настоящей работе по данным об условиях места облучения образцов в поле нейтронов реактора: флюенс тепловых нейтронов контролировался с помощью медных мониторов, а кадмиевое отношение, равное в нашем эксперименте 600, определялось отдельно.

Таким образом, плотность треков ϱ_B, которую подставляют в формулу (1) при определении бора в SiC, определялась следующим образом:

$$\varrho_B = \frac{1}{S}(N_{экс} - N_n - N_{соб}) \quad (3)$$

Определение лития в SiC имело ту особенность, что происходило практически всегда на фоне бора, содержащегося в образцах SiC. Поэтому в эталонных образцах, в которые затем вводился литий, предварительно определялось фоновое содержание бора, а затем учитывали его вклад в образование треков ($N_{Bэт}$). Поэтому

$$\varrho_{Li} = \frac{1}{S}(N_{экс} - N_n - N_{соб} - N_{Bэт}) \quad (4)$$

При подсчете плотности треков использовалась как координатная сетка оптического микроскопа МБИ-15, так и автоматическая система подсчета треков с помощью ФЭУ [2].

Предел обнаружения для бора в SiC составил 9×10^{15} ат/см/, для лития —1×10^{17} ат/$см^3$. Локальность анализа при оптическом наблюдении была ~ 1 мкм, а разрешение по глубине — 2 мкм. Точность анализа определялась статистическим характером протекания ядерных реакций и равнялась $\sim$15%.

Достигнутые аналитические характеристики метода ТА позволили решить ряд задач, возникающих при выращивании и применении кристаллов и эпитаксиальных слоев полупроводникового SiC.

Методом ТА было определено фоновое содержание бора в кристаллах SiC, выращенных методом Лели как в лабораторных условиях, так и в условиях производства. Фоновое содержание бора определялось также для эпитаксиальных слоев SiC, выращенных сублимационным ,,сэндвич-методом" [3]. Сравнивались образцы, выращенные в течение последних 5 лет. Полученные результаты показали, что содержание бора в большинстве образцов находилось на уровне от 3×10^{16} до 2×10^{17} ат/$см^3$. Лишь в 2-х из 24-х образцов содержание бора оказалось ниже 9×15^{15} ат/$см^3$, т.е. ниже предела обнаружения бора в SiC.

Была разработана авторадиографическая методика определения концентрационных распределений бора по глубине с помощью косого шлифа с углом от 1° до 10°. Были исследованы особенности диффузии бора в монокристаллы и эпитаксиальные слои дырочного SiC, легированного в процессе роста алюминием. Именно в этом случае получение данных электрофизическими методами очень затруднительно. При диффузии бора из паровой фазы при 1500°—2500 °C использовалась смесь изотопов бора, обогащенная изотопом ^{10}B до 80%. Это давало выигрыш в чувствительности определения бора методом ТА в 4 раза, но делало необходимым учет фонового содержания естественной смеси изотопов бора в самом образце. Поверхностная концентрация бора (C_B^S) варьировалась от 5×10^{17} до 2×10^{20} ат/$см^3$. Установлено, что при низких C_B^S ($\lesssim 1 \times 10^{18}$ ат/$см^3$) концентрационное распределение бора в p — SiC, за исключением тонкого приповерхностного слоя, удовлетворительно описывается erfc-функцией. Величина коэффициента диффузии монотонно возрастает с увеличением концентрации алюминия в образце. Температурная зависимость коэффициента диффузии бора в p — SiC с максимальным уровнем легирования выражется формулой:

$$D_p^B = 5 \cdot 10^{-2} \exp\left(-\frac{2{,}84}{kT} эВ\right) см^2 с^{-1}$$

При этом коэффициент диффузии бора p — SiC в исследованном температурном диапазоне выше, чем в нелегированных образцах в $5 \div 6 \times 10^2$ раз, причем с повышением температуры это различие становится более значительным.

Методом ТА определена степень легирования бором монокристаллов и эпитаксиальных слоев SiC, выращенных различными методами. Установлена анизотропия легирования бором при росте кристаллов в полярных направлениях. Установлена также зависимость уровня легирования от кристаллографического совершенства кристаллов. Показано, что коэффициент переноса бора в растущую эпитаксиальную пленку SiC уменьшается с ростом скорости роста такой пленки. Установлено, что значительная доля, до десятков процентов, примеси бора в SiC может находиться в электрически неактивном состоянии.

Методом ТА выявлены неоднородности распределения бора в SiC. Показано, что бор локализуется как на видимых дефектах поверхности (трещины, поры, границы спиралей роста и т.п.), так и на некоторых, оптически неразличимых участках поверхности. Такого рода скопления имеют размер от 5 до 100 мкм. Концентрация бора в них может достигать 10^{18} ат/см^3 при общей концентрации бора в образце на уровне фона, т.е. $5 \times 10^{16} \div 10^{17}$ ат/см^3. Отжиг кристаллов ведет к увеличению числа скоплений бора. Количество скоплений меняется от единиц до сотен на образец размером 5 × 5 мм. Так как участок локализации бора в кристалле SiC может оказаться местом электрического пробоя или иного отказа в приборе, изготовленном на основе SiC, возможность выявления таких мест, предоставляемая методом ТА, очень важна.

Трековая авторадиография позволила впервые получить прямые данные о растворимости и диффузионной подвижности лития в эпитаксиальных слоях и монокристаллах SiC. Для увеличения чувствительности использовалась смесь изотопов лития, обогащенная ^{6}Li до 90%. Было показано, что растворимость лития в SiC при температурах 1600°—2100 °C находится на уровне $10^{16} \div 3 \times 10^{17}$ ат/см^3. Диффузионная подвижность лития оказалась выше, чем диффузионная подвижность бора при тех же температурах. Литий также, как и бор, в значительной степени локализуется на дефектах поверхности кристаллов.

Приведенные в докладе результаты показывают, что локальный анализ бора и лития методом трековой авторадиографии, при использовании его наряду с другими физическими методами, позволяет решить широкий круг материаловедческих и технологических задач, возникающих при выращивании, легировании и использовании полупроводникого карбида кремния.

Поступила в редакцию 16/XI, 1983 г.
24/V, 1984 г.

Литература

[1] *Е. Е. Гончаров, Г. Г. Рябова, О. В. Удачин*, Использование эффекта блокировки продуктов ядерных реакций (n, p) и (n, α) для определения местоположения атомов в решетке кристаллов – Труды XI Всесоюзного совещания по физике взаимодействия заряженных частиц с кристаллами – М., Из-во Моск. ун-та, 1982 г., с. 522 – 527

[2] *Е. Е. Гончаров, А. Ф. Грузинцев, Г. Г. Рябова*, Заводская лаборатория **44** (1978) 724

[3] *Ю. А. Водаков, Е. Н. Мохов*, Изобретения за рубежом, вып. 36, № 21 (1975)

Isotopenpraxis **20** (1984) 12, S. 454 bis 458

Stabilität der Polonide der Übergangsmetalle sowie des Kupfers, des Silbers und des Goldes

B. Eichler

(z. Z. VIK Dubna, Laboratorium für Kernreaktionen)

H. Rossbach

(ZfK Rossendorf, Bereich KB)[1]

Die Bildungsenthalpien geordneter fester intermetallischer Verbindungen der Zusammensetzung Metall-Po wurden nach dem Modell von MIEDEMA berechnet und mit bekannten experimentellen Bildungsenthalpien verglichen. Die erhaltenen Ergebnisse gestatten die Voraussage der Bildung stabiler Polonide der Elemente Th, Am, Pu. Im Falle der Kombinationen (V, Nb, Ti oder Pd)-Po wird zwar eine Wechselwirkung, jedoch keine Bildung stabiler Verbindungen erwartet. Polonium reagiert nicht mit den Elementen Cr, Ir und Rh.

The enthalpy of formation of ordered solid intermetallic compounds consisting of M – Po have been calculated using the model of MIEDEMA. The calculated data were compared with known experimental results. The results of the calculations are enable to predict formation of stable polonides of Th, Am, and Pu. In the case of combinations of the Po with V, Nb, Ti or rather Pd can be expected interactions, but not any formation of stable compounds. Po no react the metals Cr, Ir, Rh.

Keywords

enthalpy: formation heat; polonium alloys; thermodynamic properties; transition element alloys

1. Einleitung

Aussagen zur Stabilität der Polonide sind von grundsätzlichem Interesse hinsichtlich der systematischen anorganischen Chemie der Chalkogenide aber auch bezüglich der Nutzung des Poloniums in Strahlungs- bzw. Wärmequellen. Bei der Auswahl der Materialienkombinationen für die Verarbeitung von Polonium und die Herstellung von Poloniumquellen müssen neben der mechanischen Stabilität und Wärmeleitfähigkeit die Probleme der Bindungsmöglichkeit des Zerfallsprodukts (Blei), des Helium-induzierten Swelling und der Beeinflussung des Polonium-

[1]) Anschrift: 8051 Dresden, PSF 19

dampfdruckes durch Polonidbildung berücksichtigt werden. Qualitative Rückschlüsse auf die Stabilität der Polonide können aus den Ergebnissen der Untersuchungen der thermischen Dissoziation dieser Verbindungen [1–5] gezogen werden. Experimentelle thermochemische Daten (z. B. Bildungsenthalpien) liegen nicht vor. Bildungsenthalpien der Polonide der Alkali- und Erdalkalimetalle wurden von *Krestov* [27] berechnet. Die starke Radioaktivität des Poloniums bzw. seine hohe Zerfallswärmeleistung erschweren die experimentelle Bestimmung solcher Daten beträchtlich.

In der vorliegenden Arbeit werden die Bildungsenthalpien der geordneten intermetallischen Verbindungen des Poloniums mit den Übergangsmetallen sowie Cu, Ag und Au auf halbempirischem Wege bestimmt und die Resultate mit den experimentellen Ergebnissen anderer Autoren [1–15, 26] verglichen.

2. Berechnung der Bildungsenthalpien

2.1. Modell

Nach dem Modell von *Miedema* [16, 17] setzt sich die Bildungsenthalpie ΔH_f intermetallischer Verbindungen aus drei Anteilen zusammen, die durch die Differenzen in den Elektronendichten an den *Wigner-Seitz*-Zellgrenzen und in den Elektronegativitäten der beiden Komponenten sowie durch eine zusätzliche von der jeweiligen Metallkombination abhängige Hybridisierungsenergie verursacht werden:

$$\Delta H_f = 96{,}487 \cdot f(c_A^s, c_B^s) \cdot g(c_A, c_B) \cdot P \cdot \left(9{,}4\,(n_{wsA}^{1/3} - n_{wsB}^{1/3})^2 - e(\varphi_A^* - \varphi_B^*)^2 - \frac{Rm}{P}\right) \quad (1)$$

mit

$$f(c_A^s, c_B^s) = c_A^s \cdot c_B^s(1 + 8(c_A^s \cdot c_B^s)^2)$$

$$c_A^s = \frac{c_A \cdot V_{AL}^{2/3}}{c_A \cdot V_{AL}^{2/3} + c_B \cdot V_{BL}^{2/3}}$$

$$c_B^s = \frac{c_B \cdot V_{AL}^{2/3}}{c_A \cdot V_{AL}^{2/3} + c_B \cdot V_{BL}^{2/3}}$$

$$g(c_A, c_B) = 2 \cdot \frac{c_A \cdot V_{AL}^{2/3} + c_B \cdot V_{BL}^{2/3}}{n_{wsA}^{-1/3} + n_{wsB}^{-1/3}}$$

$$V_{AL}^{2/3} = V_A^{2/3} \cdot (1 + a(\varphi_A^* - \varphi_B^*)) \quad \text{und}$$

$$V_{BL}^{2/3} = V_B^{2/3} \cdot (1 + a(\varphi_B^* - \varphi_A^*))$$

In diesen Gleichungen bedeuten:

V_A, V_B = Atomvolumen der reinen Komponente A bzw. B
V_B = V_{Po} = 22,54 cm³ [18]
φ_A^*, φ_B^* = Elektronegativitätsfaktoren (*Miedema*-Skala) der Komponenten A und B
φ_B^* = φ_{Po}^* = (4,5 ± 0,1) V [19]
n_{wsA}, n_{wsB} = Elektronendichten an der *Wigner-Seitz*-Zellgrenze der Komponenten A und B
n_{wsB} = n_{wsPo} = 1,03 ± 0,03 density units [19]
Rm/P, P, a = empirische gruppenspezifische Konstanten
Rm/P = (2,45 ± 0,10) eV² für Übergangsmetalle mit Po [19]
Rm/P = (1,60 ± 0,10) eV² für Cu und Au mit Po [19]
Rm/P = (0,80 ± 0,10) eV² für Ag mit Po [19]
P = 0,128 V⁻¹ cm⁻² (density units)$^{-1/3}$ [17], a = 0,04 V⁻¹ [17]
c_A, c_B = Molenbruch der Komponenten A bzw. B, $c_A = c_B = 0{,}5$
e = Bestandteil der Dimension eV⁻¹.

Damit ergibt sich die Bildungsenthalpie ΔH_f nach Gl. (1) in kJ pro Grammatom Legierung (kJ/G.A.-Leg.).

2.2. Ausgangsdaten

Die Polonium-Daten wurden aus experimentell bestimmten Adsorptionsenthalpien des Po auf verschiedenen Metalloberflächen durch Variationsrechnung bestimmt [19]. Dabei wurden auf der Grundlage des in [21, 22] entwickelten Modells und unter Benutzung des Programmes AMO1 [23] die Parameter φ_{Po}^*, n_{wsPo} und $\frac{Rm}{P}$ so bestimmt, daß die Summe der quadratischen Abweichungen von berechneten und experimentellen Adsorptionsenthalpien ein Minimum wurde. Die erforderlichen Ausgangsdaten (V_A, φ_A^* und n_{wsA}) für die einzelnen Metalle wurden der Literatur entnommen [18, 20].

3. Darstellung der Ergebnisse

Die Bildungsenthalpien wurden mit dem Programm BIVO berechnet. In Tab. 1 sind die Ergebnisse mit Literaturangaben zur Charakterisierung des Reaktionsverhaltens des Poloniums mit Metallen, der Struktur und der thermischen Stabilität der Reaktionsprodukte zusammengestellt. Als Fehler wurde für ΔH_f die volle Variationsbreite der Werte angegeben, die aus den Fehlerangaben für die Stoffkonstanten des Poloniums resultieren.

4. Diskussion

Die berechneten Bildungsenthalpien charakterisieren die Polonide des Typs M-Po (M = La, Y, Sc, Zr, Hf, Ti) als thermisch stabile intermetallische Verbindungen (negative ΔH_f). Diese Aussage stimmt mit bekannten experimentellen Ergebnissen überein. Aus der Temperaturabhängigkeit des Zersetzungsdruckes (s. Tab. 1) resultiert eine vergleichbare Stabilitätsabfolge.

Neben diesen bisher bekannten stabilen Poloniden sind in der Reihenfolge abnehmender Stabilität Polonide der Metalle Am, Th, Pu und U zu erwarten. Mit Sicherheit bilden die schweren Transurane in Analogie zu den Lanthaniden [1, 4] ebenfalls stabile Polonide.

In einer Reihe von Kombinationen wurden experimentell (s. Tab. 1) keinerlei Wechselwirkung des Poloniums mit dem jeweiligen Metall (d. h. keine Löslichkeit im festen Zustand und keine Bildung intermetallischer Verbindungen) beobachtet.

In diesen Fällen ergaben die ΔH_f-Berechnungen übereinstimmend große positive Werte (Fe, Co, Mo, Tc, Ru, W, Re und Os). Aus den berechneten ΔH_f-Werten folgt, daß ebenfalls keine Wechselwirkung des Poloniums mit Ir, Cr und Rh zu erwarten ist.

Thermisch relativ leicht zersetzliche Polonide sind von Pt, Ni, Mn, Ag und Cu bekannt. ΔH_f nimmt in dieser Reihenfolge von + 59 kJ/G.A.-Leg. auf + 10 kJ/G.A.-Leg. ab. In diesen Bereich fällt auch der berechnete Wert für Au. Für das System Au-Po ist weitgehende Mischbarkeit im festen Zustand bekannt.

Tab. 1. Stabilität der Polonide der Übergangsmetalle sowie des Cu, Ag und Au

Metall	Reaktionsmerkmale und Produkt	Berechnete Bildungsenthalpie ΔH_f, kJ/G.A.-Leg.	Struktur a, b, c 10^{-10} m	Bemerkungen zur Stabilität
Sc	ScPo [4]	-118 ± 16	–	$p_{Po} = 13{,}33$ Pa bei 1523 K [13]
Y	YPo [1, 4]	-144 ± 18	NaCl-Typ [1]	$p_{Po} = 0{,}133$ Pa bei 1273 K [1] $T_{schm.} = 1973$ K [1, 4] $p_{Po} = 0{,}041$ Pa bei 1573 K [26] $p_{Po} = 1{,}333$ Pa bei 1873 K [26]
	Reaktion bei $T = 1273$ K Y_2Po_3 [4]	-129 ± 18	–	–
La	LaPo [1, 4]	-172 ± 17	–	$p_{Po} = 0{,}133$ Pa bei 1273 K [1] Zersetzungsbeginn bei 1573 K [15] $T_{schm.} = 1730$ [1] $= 1893$ [4]
	Reaktion bei 1273 K La_2Po_3 [4]	-157 ± 17	–	–
Th	–	-127 ± 19	–	–
U	–	$+7 \pm 14$	–	–
Pu	–	-40 ± 14	–	–
Am	–	-172 ± 18 (nach [24])	–	–
Ti	Reaktion bei 813–823 K [9] TiPo	-37 ± 14	hexagonal NiAs-Typ [9] $a = 3{,}992 \pm 0{,}008$ $c = 6{,}907 \pm 0{,}012$	Zersetzungsbeginn bei 973 K [9]
Zr	Reaktion bei 733 K [9]	-82 ± 17	hexagonal NiAs-Typ [9] $a = 4{,}031 \pm 0{,}008$ $c = 6{,}907 \pm 0{,}012$	Zersetzungsbeginn bei 973 K [9]
Hf	Reaktion bei 653–673 K [9] HfPo	-59 ± 16	hexagonal NiAs-Typ [9] $a = 4{,}058 \pm 0{,}002$ $c = 6{,}717 \pm 0{,}008$	–
	Reaktion bei 753–773 K [2]	–	–	$p_{Po} = 0{,}53$ Pa bei 973 K [2] $p_{Po} = 3{,}33$ Pa bei 1173 K [2]
V	–	$+36 \pm 11$	–	–
Nb	–	$+27 \pm 14$	–	–
Ta	keine Reaktion [8, 11, 14] keine Reaktion bei 973 K [5] Reaktion [10]	$+32 \pm 14$	–	–
Cr	–	$+66 \pm 9$	–	–
Mo	keine Reaktion bei 973 K [5, 14]	$+95 \pm 12$		
W	keine Reaktion bei 973 K [5, 14]	$+115 \pm 13$	–	–

Tab. 1. (Fortsetzung)

Metall	Reaktionsmerkmale und Produkt	Berechnete Bildungsenthalpie ΔH_f, kJ/G.A.-Leg.	Struktur a, b, c 10^{-10} m	Bemerkungen zur Stabilität
Mn	Reaktion bei 623–723 K [6], MnPo	+25 ± 9	hexagonal NiAs-Typ [10] $a = 4{,}90$ $c = 7{,}84$ $a = 4{,}913$ [7] $c = 7{,}86$	Zersetzungsbeginn bei 933 K [6]
Tc	keine Reaktion bei 1273 K [3]	+92 ± 16	–	–
Re	keine Reaktion bei 1360 K [6]	+114 ± 17	–	–
Fe	keine Reaktion [8, 14]	+78 ± 12	–	–
Ru	keine Reaktion bei 1323 K [3]	+95 ± 17	–	–
Os	keine Reaktion bei 1323 K [3]	+107 ± 17	–	–
Co	keine Reaktion bei 1173 K [3]	+62 ± 12	–	–
Rh	–	+62 ± 13	–	–
Ir	–	+87 ± 18	–	–
Ni	Reaktion bei 573–873 K [5] Reaktion [11, 12]	+58 ± 11	hexagonal NiAs-Typ [7, 8, 10, 14] $a = 3{,}973$ $c = 5{,}662$ $a = 3{,}95$ [5] $c = 5{,}68$	$p_{Po} = 13{,}33$ Pa bei 773 K [5]
	$NiPo_2$ [5]	+41 ± 11	evtl. $Cd(OH)_2$-Typ [5]	–
Pd	–	+23 ± 16	–	–
Pt	Reaktion bei 723–873 K [7]	+59 ± 19	–	Zersetzungsbeginn bei 723–873 K [7]
	$PtPo_2$ [11, 12]	+43 ± 9	evtl. $Cd(OH)_2$-Typ [7, 8, 10, 14] $a = 4{,}104$ $c = 5{,}606$	–
Cu	Reaktion [5]	+10 ± 7	keine guten -Daten [5]	$p_{Po} = 13{,}33$ P bei 673 K [5]
Ag	Reaktion bei 673 K [5] Ag_2Po	+17 ± 8	orthorhombisch [8, 10] $a = 7{,}385$ $b = 5{,}565$ $c = 7{,}813$	Zersetzungsbeginn bei 832 K [5]
Au	keine Reaktion bei 773–973 K [8] Reaktion mit flüssigem Po [11]; Auflösung von Po-Dampf bei 923 K [5, 14], keine Verbindung	+31 ± 6	–	–

In den bisher experimentell nicht untersuchten binären Systemen Pd-Po und Nb-Po ist eine Wechselwirkung zu erwarten. In [10] wird für das System Ta-Po Wechselwirkung angezeigt. Ältere Untersuchungen [5, 8, 11] ergaben keine Hinweise auf Reaktionen. Die berechneten ΔH_f-Werte für V und Ta zeigen die Möglichkeit zumindest begrenzter Löslichkeit im festen Zustand oder der Existenz wenig stabiler Polonide.

Die berechneten Werte für die instabilen Polonide des Ni und Pt stellen vermutlich obere Grenzwerte dar. Entsprechend den Kriterien in [24] sollte bei stark positiven ΔH_f-Werten keine Verbindungsbildung im festen Zustand auftreten. Ungeachtet dieser Unsicherheit kann festgestellt werden, daß die berechneten ΔH_f-Werte gut die Verhältnisse in den experimentell untersuchten binären Systemen mit Polonium in diesem Bereich des Periodensystems widerspiegeln.

Damit konnte gezeigt werden, daß es möglich ist, grundsätzliche Eigenschaften makroskopischer binärer Systeme zu berechnen mit Ausgangsdaten, die in empirischen Adsorptions- bzw. Desorptions-Untersuchungen mit Tracermengen Polonium an makroskopischen Metallphasen erhalten wurden [19].

Die berechneten Bildungsenthalpien der Polonide ermöglichen Abschätzungen des Zersetzungsdampfdruckes des Poloniums über den festen Poloniden. Sie sind auch bei der Materialauswahl für Metallapparaturen zur Abtrennung des Poloniums aus neutronenbestrahltem Wismut bzw. für sublimative Reinigungsprozesse des Poloniums entscheidend. In diesem Zusammenhang erscheinen Eisen und Molybdän als geeignete Werkstoffe.

Eingegangen am 25. 10. 1983

Literatur

[1] *C. J. Kershner, R. I. De Sandos, R. F. Heidelberg, R. H. Steinmeyer*, J. inorg. nucl. Chem. **28** (1966) 1581

[2] *Z. V. Erschova, E. S. Prokin*, Radiokhimija **15** (1973) 252

[3] *A. S. Abakumov, A. D. Khokhlov*, Zhurn. Neorg. Khim **25** (1980) 2894

[4] *G. Grove, L. Jones, J. Eichelberger*, Report MlM TID-4500, 1967

[5] *W. Witteman, A. Giorgi, D. T. Vier*, J. Phys. Chem. **64** (1960) 434

[6] *Z. V. Erschova, A. S. Abakumov, M. L. Malischev*, Radiokhimija **15** (1973) 688

[7] *F. Weigel*, Uspekhi Khim. **29** (1960) 686

[8] *J. H. Goode*, Report MLM 677, 1952

[9] *E. S. Prokin, B. S. Aksjonov, N. T. Chebotarev*, Radiokhimija **20** (1978) 684

[10] *Z. V. Erschova, A. G. Volgin*, Polonii i ego primenenije, Moskva: Atomizdat 1974

[11] *W. G. Witteman, G. N. Spillert, D. T. Vier*, Report LA-1546, Los Alamos 1953

[12] *L. G. Fauble* et al., zitiert in „Polonium" Ed. *H. V. Moyer*, TID-5221, Washington 1956

[13] *A. S. Abakumov, Z. V. Erschova*, Radiokhimija **18** (1976) 383

[14] *K. Bagnall*, Khimija Selena, Tellura i Polonija, Moskva Atomizdat 1971

[15] *R. P. Steiger, J. C. Miles*, J. inorg. nucl. Chem. **32** (1970) 3469

[16] *A. R. Miedema*, J. Less-Common Met. **46** (1976) 67

[17] *A. R. Miedema, R. Boom, F. R. De Boer*, J. Less-Common Met. **41** (1975) 283

[18] *G. V. Samsonov*, Svoistva Elementov I, Moskva: Izd. Metallurgija 1976

[19] *B. Eichler, H. Roßbach, H. Gäggeler, S. Hübener*, Radiochimica Acta, in press 1984

[20] *A. R. Miedema, R. Boom*, Z. Metallknd. **69** (1978) 183

[21] *B. Eichler*, Report ZfK-396, Rossendorf 1979

[22] *B. Eichler, S. Hübener, B. L. Zhuikov, H. Roßbach*, Preprint JINR P 12-81-77, Dubna 1981

[23] *H. Roßbach, B. Eichler*, Report ZfK-489, 249, Rossendorf 1982

[24] *F. R. De Boer, R. Boom, A. R. Miedema*, Physica **101B** (1980) 294

[25] *B. Eichler, E. Rhede*, Kernenergie **23** (1980) 191

[26] *A. S. Abakumov, Z. V. Erschova*, Radiokhimija **17** (2) (1975) 178

[27] *G. A. Krestov*, Radiokhimija **4** (1962) 690.

Aus der Praxis

Isotopenpraxis **20** (1984) 12, S. 458 bis 460

Ein Eichsatz für die quantitative Autoradiographie

Keywords

autoradiography, calibration standards, radioisotopes, sensitivity

Die Anwendung der Autoradiographie wurde in den letzten zwanzig Jahren zunehmend auf technische und technologische Problemstellungen ausgedehnt. Damit ergaben sich auch, allein durch die weitaus breitere Auswahl an eingesetzten Radionukliden, neue und umfangreichere Aufgaben hinsichtlich der quantitativen Auswertung von Autoradiogrammen. Während bei autoradiographischen Untersuchungen auf biologisch-medizinischem Gebiet beinahe ausschließlich Tritium und Kohlenstoff-14 als Radiotracer angewendet werden, reicht die Palette bei technisch-technologischen Untersuchungen von Nickel-63, das nur Betateilchen mit sehr niedriger Maximalenergie emittiert, bis zu Radionukliden, die Betateilchen hoher Energie und Gammaquanten bzw. Röntgenquanten emittieren, wie Eisen-55/Eisen-59-Gemische.

In zunehmendem Maße werden Autoradiogramme nicht nur hinsichtlich ihres Informationsgehaltes zur relativen lateralen Verteilung des oder der Radionuklide sondern auch mit dem Ziel der quantitativen, ortsabhängigen Bestimmung des Elementgehaltes ausgewertet. Damit steigen einmal die Forderungen, bei der Anwendung autoradiographischer Methoden sorgfältig und sauber zu arbeiten. Zum anderen müssen, da im allgemeinen relative Auswerteverfahren genutzt werden, geeignete Eich- oder Standardpräparate zur Verfügung stehen, mit deren Hilfe dem Autoradiogramm quantitative Meßwerte zur Gehaltsbestimmung entnommen werden können. Dazu wird im Zentralinstitut für Isotopen- und Strahlenforschung Leipzig ein Eichsatz produziert.

1. Beschreibung des Eichsatzes

Der Autoradiographie-β-Eichsatz besteht aus vier Flächenpräparaten mit den Radionukliden Nickel-63, Technetium 99, Thallium-204 und Strontium-90 im radioaktiven Gleichgewicht mit Yttrium-90. Diese Radionuklide sind so gewählt, daß die Maximalenergien der emittierten

Tab. 1. Zusammenstellung der verwendeten Radionuklide

Radionuklid	Halbwertszeit a	Maximalenergie MeV	Farbe	Teilchenflußdichte*) $s^{-1}cm^{-2}$
^{63}Ni	100	0,067	grün	(2,5 ± 0,5) 10^5
^{99}Tc	2,1 · 10^5	0,292	gelb	(2,68 ± 0,18) 10^4
^{204}Tl	3,8	0,760	lila	(1,4 ± 0,2) 10^4
^{90}Sr/^{90}Y	28,5	0,54/2,27	blau	(2,16 ± 0,14) 10^4

*) Die Bestimmung der Teilchenflußdichte erfolgte im Amt für Standardisierung, Meßwesen und Warenprüfung (ASMW) der DDR

Betateilchen den autoradiographisch interessanten Bereich von 67 keV (^{63}Ni) bis 2,27 MeV (^{90}Y) umfassen. Bis auf Yttrium-90, das in geringem Maße γ-Quanten emittiert, sind alle eingesetzten Radionuklide reine Betastrahler (Tab. 1).

Die Grundsubstanz der Präparatefolien besitzt polysaccharidähnliche Struktur und ist wasserlöslich. Einer solchen Lösung wird das entsprechende Radionuklid und ein zugeordneter Farbstoff, beides ebenfalls in Wasser gelöst, zugesetzt. Nach homogener Durchmischung wird diese Substanz auf eine ebene Platte ausgegossen und getrocknet. Von dem erhaltenen Film werden anschließend Präparate mit einem Durchmesser von 15 mm ausgestanzt. Diese Präparate werden mit Epoxidharz auf den Präparateträger aus Piacryl aufgezogen (Abb. 1). Durch das unterschiedliche Einfärben der Flächenpräparate und asymmetrisches Aufbringen eines ^{90}Sr/^{90}Y-markierten Punktes auf den Piacrylträger wird eine Verwechslung der Präparate und ihrer Autoradiogramme während der Anwendung vermieden.

Die Teilchenflußdichte in den Halbraum 2π, d. h. die Zahl von Betateilchen, die das Flächenpräparat je cm^2 und Sekunde in den Halbraum 2π emittiert, ist in Tab. 1 angegeben.

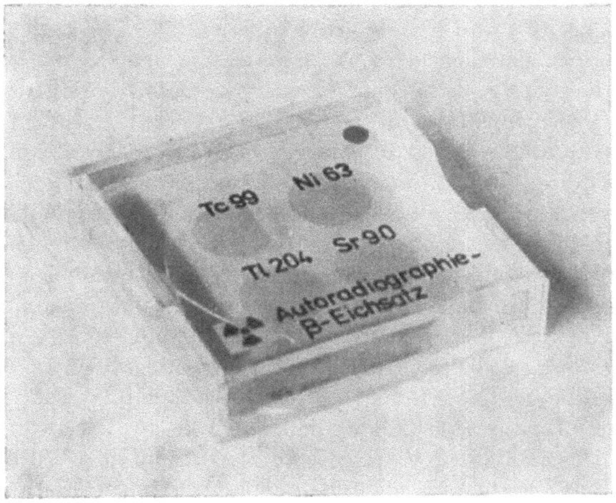

Abb. 1. Autoradiographie-β-Eichsatz

Selbstabsorption in den Flächenpräparaten und Rückstreuung an dem Plexiglasträger sind dabei bereits berücksichtigt.

Die Flächenaktivitäten bzw. Teilchenflußdichten der einzelnen Flächenpräparate sind so aufeinander abgestimmt, daß sie bei einer Expositionszeit von 60 min auf Autoradiographiefilm ORWO-AF 3 und Standardverarbeitungsbedingungen (5 min Entwicklung in ORWO-T 11, Wässerung, Fixierung in ORWO-A 300) eine Schwärzung im Bereich von 0,4 bis 0,6 erzeugen (Abb. 2).

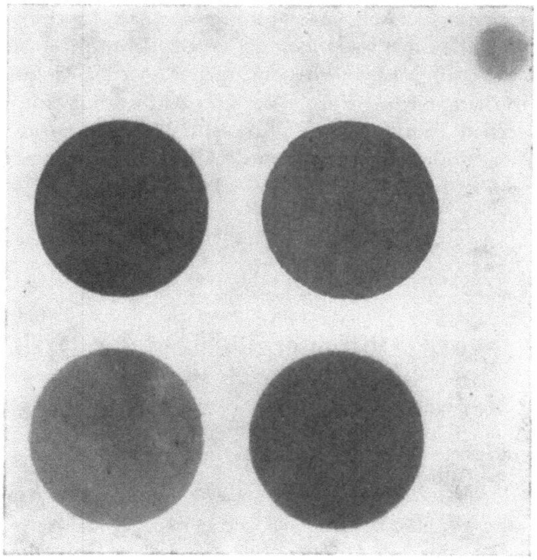

Abb. 2. Autoradiogramm des Eichsatzes auf ORWO-AF 3
Expositionszeit: 60 min ^{99}Tc; ^{63}Ni;
^{204}Tl; ^{90}Sr/^{90}Y

2. Nutzungsmöglichkeiten

Im folgenden soll anhand einiger Beispiele auf die Nutzung dieses Eichsatzes eingegangen werden.

Aufnahme von Schwärzungskurven

Der Zusammenhang zwischen der Schwärzung einer Photoemulsion und der aufgetroffenen Teilchenfluenz wird durch die Schwärzungskurve dargestellt. Er wird von der Strahlungsart und -energie, vom Emulsionstyp und der Emulsionscharge sowie von den Expositions- und Entwicklungsbedingungen bestimmt. In jedem Autoradiographielabor ist es demzufolge erforderlich, für die quantitative Auswertung von Autoradiogrammen solche Schwärzungskurven für ihre konkreten Bedingungen zu ermitteln. Mit dem beschriebenen Eichsatz ist das auf einfache Weise möglich und erfordert infolge der günstigen Wahl der Flächenaktivitäten der Eichpräparate keine langen Expositionszeiten.

Standardisierung von Autoradiogrammen

Bei vielen autoradiographischen Untersuchungen sind über längere Zeit Serien von Autoradiogrammen, z. B. zur Identifizierung von Radionukliden nach der Halbwertszeit oder der Maximalenergie der emittierten β-Teilchen [1], anzufertigen. Um diese Autoradiogramme untereinander quantitativ vergleichen zu können und die

Einflüsse der unterschiedlichen Expositions- und Entwicklungsbedingungen zu eliminieren, wird der Eichsatz auf jedem Filmblatt mitexponiert. Der Vergleich der Schwärzungen in den Autoradiogrammen des Eichsatzes liefert die infolge der schwankenden Expositions- und Entwicklungsbedingungen erforderlichen Korrekturfaktoren zwischen den zu verschiedenen Zeiten erfolgten Expositionen. Damit sind auch Autoradiogramme, deren Entstehung Jahre auseinander liegt, noch quantitativ vergleichbar.

Chargenvergleich

Die Empfindlichkeitsschwankungen von Autoradiographiefilmen, die aus unterschiedlichen Produktionschargen stammen, sind zum Teil beträchtlich, so daß quantitative Auswertungen und Vergleiche von Autoradiogrammen auf demselben Filmtyp aber unterschiedlichen Chargen nicht möglich sind. Auch in diesem Fall können entsprechende Korrekturfaktoren mit Hilfe von Eichsatz-Expositionen bestimmt werden.

Diese Reihe von Nutzungsmöglichkeiten läßt sich noch erweitern. Allgemein kann festgestellt werden, daß jedes Autoradiographie-Labor, in dem quantitative Autoradiogrammauswertungen vorgenommen werden, als Basisstandardisierung über einen solchen Autoradiographie-β-Eichsatz verfügen sollte.

Der beschriebene Autoradiographie-β-Eichsatz kann von der Isocommerz GmbH bezogen werden.

H. C. Treutler, K. Seifert, G. Schindler, R. Siegel, K. Freyer, K. Wetzel, H. Koch
Zentralinstitut für Isotopen- und Strahlenforschung der AdW der DDR, 7050 Leipzig, Permoserstr. 15

Eingegangen am 6. 9. 1983

Literatur

[1] *M. Bishop, K. E. Fletcher*, Int. J. Appl. Radiat. Isotopes **18** (1967) 465

Isotopenpraxis **20** (1984) 12, S. 460

Neues Atomenergiegesetz der DDR

Keywords

atomic energy law; GDR; law; non-proliferation treaty; nuclear materials possession; safeguards

Das am 8. Dezember 1983 von der Volkskammer der DDR beschlossene Gesetz über die Anwendung der Atomenergie und den Schutz vor ihren Gefahren — Atomenergiegesetz — (GBl. I S. 325) trat am 1. Februar 1984 in Kraft.

Bei der Formulierung des neuen Atomenergiegesetzes wurden die in den vergangenen zwei Jahrzehnten bei der Realisierung des Kernenergieprogramms der DDR und in allen anderen Anwendungsbereichen der Volkswirtschaft, des Gesundheitswesens und der Kern- und Strahlenforschung gemachten Erfahrungen, die über die Kernenergienutzung in anderen Ländern zur Verfügung stehenden Informationen sowie die seit Inkrafttreten des ersten Atomenergiegesetzes im Jahre 1962 veränderte internationale Situation berücksichtigt.

Im Hinblick auf die dominierende Rolle, die dem Schutz zukommt, wurde der Geltungsbereich des Gesetzes auf alle ionisierende Strahlung emittierenden Einrichtungen ausgedehnt und damit eine einheitliche Basis für die künftige Strahlenschutzgesetzgebung geschaffen.

Der Grundsatz, die Atomenergie nur zu friedlichen Zwecken und zum Nutzen und Wohl der Gesellschaft anzuwenden, wurde im Hinblick auf die sich aus der Zugehörigkeit der DDR zum Vertrag über die Nichtweiterverbreitung von Kernwaffen ergebenden Verpflichtungen dahingehend präzisiert, daß diese Anwendung in keiner Weise zur Weiterverarbeitung von Kernwaffen beitragen darf.

Da der Schutz des Lebens und der Gesundheit des Menschen ohne den Schutz der Umwelt nicht realisierbar ist, wurde die Schutzforderung entsprechend ergänzt und überdies festgelegt, daß der Schutzaspekt stets Vorrang vor allen volkswirtschaftlichen und anderen Zielsetzungen hat.

Diese dem Schutz absolute Priorität gebenden Anwendungsbedingungen sind Ausdruck der Sorge des sozialistischen Staates um die Erhaltung des Friedens, des Lebens und gesunder Lebensbedingungen. Ihrer Einhaltung dienen die als Grundsätze formulierten Bestimmungen über die sichere Verwahrung radioaktiver Abfälle und die staatliche Kontrolle der Anwendung der Atomenergie sowie die schon in dem bisher geltenden Gesetz enthaltenen Grundsätze des staatlichen Handelsmonopols, des Volkseigentums und der Nachweispflicht.

Sehr deutlich wird in dem Gesetz zum Ausdruck gebracht, daß — ausgehend von der Gesamtverantwortung des Ministerrates der DDR — die Verantwortung für die Anwendung der Atomenergie und den Schutz vor ihren Gefahren bei den zentralen Staatsorganen und den ihnen nachgeordneten Betrieben liegt, in denen Kernanlagen oder Strahlungseinrichtungen betrieben werden oder mit radioaktiven Stoffen umgegangen wird. Entsprechend sind die Leiter von Betrieben, in denen die Projektierung, Konstruktion, Errichtung oder Herstellung von Arbeitsmitteln, Arbeitsverfahren und Arbeitsstätten zur Anwendung der Atomenergie erfolgt, für die Schutzgüte ihrer Erzeugnisse verantwortlich.

Die Einhaltung aller Schutzbestimmungen durch die dafür Verantwortlichen wird staatlich kontrolliert. Diese Kontrolle erfolgt in Form der Erlaubniserteilung und der Überwachung durch das Staatliche Amt für Atomsicherheit und Strahlenschutz als dem zuständigen Organ des Ministerrates. Sie erstreckt sich auf alle Anlagen der Kernenergie sowie auf alle kerntechnischen und Strahlung erzeugenden Einrichtungen, und sie umfaßt auch die Maßnahmen zur Verhinderung der Weiterverbreitung von Kernwaffen sowie der mißbräuchlichen Anwendung der Atomenergie.

H. Scheel

Staatliches Amt für Atomsicherheit und Strahlenschutz Berlin-Karlshorst

Eingegangen am 9. 4. 1984

Tagungsberichte

Arbeitstagung Ernährung, Österreich/DDR, am 23. und 24. März 1984 in Leipzig

Jedes der beiden Länder lieferte 11 Beiträge zu einer kurzen, sehr effektiven Tagung mit dem langen Titel „1. Gemeinsame Arbeitstagung der Arbeitsgemeinschaft für künstliche Ernährung der Österreichischen Gesellschaft für Ernährung und der Arbeitsgemeinschaft für parenterale und enterale Ernährung der Sektion Krankenhausernährung der Gesellschaft für Ernährung der DDR".

Die Österreicher kamen aus Innsbruck, Graz und verschiedenen Kliniken Wiens. Die DDR-Teilnehmer vertraten Kliniken und Institute aus Leipzig, Rostock und Karl-Marx-Stadt.

Die wissenschaftliche Leitung der Tagung lag bei MR Prof. *W. Hartig* (Chirurgische Klinik des Bezirkskrankenhauses St. Georg, Leipzig) und bei Univ.-Doz. Dr. *G. Kleinberger* (1. Medizinische Universitätsklinik Wien). Das Vortrags- und Diskussionsprogramm war thematisch gegliedert in die Gebiete

- Ernährungsdiagnostik, Methodik
- Ernährungstherapie bei einzelnen Krankheitszuständen
- Ernährungstherapie nach Trauma und Operationen
- Ernährungstherapie bei Leberkranken.

Gegenseitige Anregungen erwuchsen u. a. daraus, daß die österreichischen Gäste umfängliche Untersuchungen zur Ernährung in Intensivstationen vorstellten und daß sie methodisch seit längerer Zeit Aminosäureanalysatoren nutzen. Die Gastgeber wiederum dokumentierten ihren Vorsprung bei der Optimierung der Ernährung Leberkranker sowie methodisch bei der Nutzung von ^{15}N zur Charakterisierung des parenteralen Ernährungsregimes (u. a. am Schwein und an der Ratte) und zur Optimierung der postoperativen Frühernährung, zum nutritiven Wert spezifischer Leberlösungen sowie zum Proteinstoffwechsel unter verschiedenen Gesichtspunkten. Diese Beiträge zur ^{15}N-Anwendung kamen aus den Arbeitsgruppen

- Chirurgische Klinik des BKH St. Georg Leipzig (*Hartig, Matkowitz, Weiner*),
- Abt. Physiologie der Tierernährung, Sektion Tierproduktion der Karl-Marx-Universität Leipzig (*Gebhardt* u. Mitarb.)
- Chirurg. Klinik des Bezirkskrankenhauses Rostock (*Czarnetzki*)
- Abt. Medizin.-biolog. Isotopenanwendung des Zentralinstituts für Isotopen- und Strahlenforschung Leipzig der AdW der DDR (*Faust* u. Mitarb.)

P. Krumbiegel

Eingegangen am 22. 6. 1984

Symposium „Intestinal Digestion and Absorption of Nutrients" vom 2. bis 4. Mai 1984 in Leipzig

Als der Rektor der Karl-Marx-Universität Leipzig, Prof. *Rathmann*, das dem 575jährigen Bestehen der Alma mater Lipsiensis gewidmete Symposium über Ernährungsfragen eröffnete, konnte er Teilnehmer aus 15 Ländern begrüßen. Es handelte sich um eine Veranstaltung des Ernährungswissenschaftlichen Zentrums der Karl-Marx-Universität unter Mitwirkung der Biochemischen Gesellschaft der DDR und der Gesellschaft für Ernährung in der DDR. Die interdisziplinäre Begegnung von Ärzten und Wissenschaftlern aus den Fachgebieten Menschliche Ernährung, Pädiatrie, Tierernährung, Pathophysiologie der Ernährung, Pathobiochemie, Pharmakologie und anderen führte zu einem lebhaften Erfahrungsaustausch, zu dem die reichlich 50 Vorträge hinreichend Anregungen boten. Das Spektrum der Vorträge reichte von der Grundlagenforschung zum Nährstofftransport und -metabolismus (z. B. *A. M. Ugolev* Leningrad, *F. Müller*/Leipzig, *G. Semenza*/Zürich, *J. R. Bronk*/York) über pathologische Veränderungen in der Verdauung und Resorption (z. B. *A. S. Keston*/USA, *K. Beyreis*/Leipzig, *W. Heine*/Rostock) und neue analytische Methoden bis zur Anwendungsempfehlung neuer Erkenntnisse in der Human- und Tierernährung (z. B. *G. Gebhardt*/Leipzig, *R. Noack*/Potsdam-Rehbrücke).

Zur Untersuchungsmethodik blieben zwei Vorträge besonders im Gedächtnis, der eine wegen der originellen methodischen Mittel — ein Videoröntgenfilm zur Kau- und Darmbewegung des Schweins nach Verabreichung eines Röntgenkontrastmittels, vorgestellt von *M. Kirchgeßner* (Kiel u. München, BRD) — und der andere durch die didaktisch überzeugende Darstellung von Zusammenhängen zwischen morphologischen und enzymatischen Besonderheiten im Darm (*M. Kedinger*/Strasbourg).

Es überrascht heute nicht mehr, wenn von den insgesamt 50 Vorträgen allein 12 eine Untersuchungsmethodik mit dem Stickstoffisotop ^{15}N einbeziehen. In weiteren Arbeiten wurden ^{14}C und ^{131}I oder ^{125}I zur Markierung benutzt.

Ein Übersichtsvortrag von *H. Faust*/Leipzig befaßte sich grundsätzlich mit der ^{15}N-Tracermethodik bei Absorptionsuntersuchungen in der Ernährungsforschung. Ganz allgemein ist diese Tracermethode bei Untersuchungen zum Proteinstoffwechsel, insbesondere am Menschen, nicht mehr wegzudenken.

P. Krumbiegel

Eingegangen am 30. 5. 1984

Buchbesprechungen

Kernspektroskopie

P. M. Gopytsch, J. J. Saljubovskij. Charkov: Verlag Vistscha Schkola 1980. 384 S., 161 Abb., 5 Tab.; Kunstledereinband Rubel 1,2; M 6,—

Die Kernphysik wird seit langem in vielen Zweigen von Wissenschaft und Technik in breitem Maße zur Lösung volkswirtschaftlicher Aufgaben eingesetzt. Dabei spielen die Kenntnis hinreichend genauer Angaben über die Eigenschaften der Atomkerne, die hauptsächlich mit den Methoden der Kernspektroskopie gewonnen werden, eine große Rolle. Über die Methoden und Ergebnisse der Kernspektroskopie existiert ein umfangreiches Schrifttum in Form von Zeitschriften, Konferenzberichten und Monographien, das allerdings für den Studenten oder den auf dem Gebiet der reinen oder angewandten Kernphysik zu arbeiten Beginnenden kaum überschaubar ist.

Diese Aufgabe erfüllt das hier vorgestellte Buch von *Gopytsch* und *Saljubovskij* von der Universität in Charkov, das auf der Grundlage von Vorlesungen über die Grundlagen der Theorie, Methoden und Ergebnisse der modernen Kernspektroskopie entstanden ist.

Die 15 Kapitel sind Bestandteil von 5 Teilen. In Teil 1, der Einführung, werden alle Größen, die Gegenstand systematischer Untersuchungen mit den Methoden der Kernspektroskopie sind, besprochen und definiert. Im Teil 2, Kernumwandlungen, werden im Unterschied zu der im Zusammenhang mit dem Begriff Kernspektroskopie oft anzutreffenden Einschränkung nicht nur die Kernzerfälle, sondern entsprechend der Bedeutung in größerem Umfang die Kernreaktionen behandelt, also Reaktions- und Zerfallsspektroskopie. Außerdem sind der Kernzerfall über Nukleonen und der Zerfall exotischer Atome und exotischer Kerne einbezogen worden. Im Teil 3, Technik der Kernspektroskopie, sind zwei Kapitel enthalten. Das eine ist den Kernspektrometern zur Untersuchung der energetischen, zeitlichen und räumlichen Verteilungen geladener Teilchen, Neutronen und Gammaquanten gewidmet, das andere den Methoden der Erzeugung radioaktiver Nuklide. Teil 4 nimmt, aufbauend auf den systematischen Darlegungen der vorangegangenen Teile, eine Zentralstellung ein, indem hier die Kapitel über die Bestimmung der Atommassen, der Lebensdauer der Kernzustände, ihrer Spins und Paritäten sowie der elektromagnetischen Momente enthalten sind. Im kleineren 5. Teil werden hinreichend kurz die zur Erklärung der kernspektroskopischen Ergebnisse am meisten verwendeten Kernmodelle besprochen. Zu jedem Kapitel ist Ergänzungsliteratur angegeben, hauptsächlich monographischen Charakters und nur in russischer Sprache.

Eine Besonderheit der vorliegenden „Kernspektroskopie" besteht darin, daß die Methoden zur Erarbeitung kernspektroskopischer Daten in den unterschiedlichsten Experimentanordnungen wie Kernreaktionen, Kernzerfällen, an Myonenatomen, bei der Streuung relativistischer Elektronen usw. betrachtet werden. Eine Reihe wichtiger Probleme sind in dem Maße zum Teil erstmalig in einem derartigen Lehrbuch aufgenommen worden. Dazu gehören die Erzeugung radioaktiver Nuklide und die Herstellung der Quellen, die Bestimmung der Atommasse aus Röntgen-Spektren, die Bestimmung der Zustandslebensdauer über den Schatteneffekt sowie mit Hilfe der Fluktuationsanalyse des Wirkungsquerschnitts von Kernreaktionen in Gebieten, wo die Resonanzbreite größer ist als der Abstand zwischen den Zuständen, die Bestimmung der magnetischen Momente höherer Ordnung im Grundzustand der Kerne aus der unelastischen Streuung relativistischer Elektronen, die Bestimmung der *Strutinskij*-Korrektur und andere.

Das Lehrbuch entspricht dem modernen Stand der Kernspektroskopie und kann als neuerlicher Erfolg der Charkover-Schule der Kernphysik gewertet werden. Es ist für Studenten, Aspiranten und junge Wissenschaftler der reinen und angewandten Kernphysik sowie aus anderen Fachgebieten, wo die Methoden der Kernspektroskopie genutzt werden, als Einführung hervorragend geeignet. Bei einer Neuauflage sollte das Sachwortverzeichnis wesentlich erweitert, möglichst ein Namensverzeichnis und die ergänzende Literatur durch neuere Monographien, nicht nur in russischer Sprache ergänzt werden. *G. Musiol*

Euroanalysis IV — Reviews on Analytical Chemistry Arbeiten der 4. Europäischen Konf. über analyt. Chemie, Helsinki/Espoo, 23.—28. August 1981

L. Niinistö (Ed.). Budapest/Helsinki: Akadémiai Kiadó/ Assoc. of Finnish Chemical Soc. 1983. 258 S., zahlr. Abb. u. Tab. (in Engl.); geb. M 90,—

Der vorliegende Band, Euroanalysis IV, enthält die Vorträge der Eröffnungs-, Plenar- und Spezialsitzungen, die auf Einladung des Tagungskomitees gehalten worden sind. Das breite Spektrum der Euroanalysis IV wird durch den Inhalt dieser geschickt ausgewählten Beiträge widergespiegelt, indem die wichtigsten Analysentechniken und ihre Anwendungen dem neuesten Stand entsprechend dargestellt werden.

Neben einigen Beiträgen von historischem Interesse zur Entwicklung der analytischen Chemie als wissenschaftliche Disziplin und über den finnischen Chemiker *J. Gadolin* sind die Beiträge dieses Bandes von hoher Aktualität, auch wenn nunmehr 3 Jahre seit der Euroanalysis IV vergangen sind. Beispiele dafür sind die Vorträge der Spezialsektion „Die analytische Chemie, der Analytiker und die Gesellschaft", so der von *H. Egan* (London), der über das Thema dieser Sektion referierte und in seinem Beitrag die Verantwortung des Analytikers gegenüber der Gesellschaft für die Kontrolle der Umwelt und die sich daraus ergebenden gesellschaftlichen Konsequenzen und Konfliktsituationen zwischen Analytiker, Verbraucher, Industrie und Regierung ansprach, und der von *W. Pfannhäuser* (Wien) über die oft schwierige Position des Analytikers zwischen den verschiedenen Interessengruppen am Beispiel der Lebensmittelchemie.

Interessant und vielversprechend sind die von *V. Simeonov* (Sofia) und *H. Malissa* (Wien) dargelegten Vorstellungen und Vorschläge zur Nutzung von Pictogrammen in der analytischen Chemie. Nach Auffassung der Autoren ist mittels symbolischer Darstellungen von Arbeitsvorschriften für Analysenverfahren eine schnellere Kommunikation, verbunden mit hohem Informationsgehalt, möglich.

In zwei weiteren Beiträgen werden Probleme der anorganischen Massenspektrometrie behandelt: *G. I. Ramendik* (Moskau) über neuere Entwicklungen und Trends in der Funkenquellen-Massenspektrometrie und *I. Cornides* (Budapest) über den Einsatz der anorganischen Massenspektrometrie zur Spurenanalyse. Es wird ein Überblick über den instrumentellen und anwendungstechnischen Stand der Funkenquellen-Massenspektrometrie gegeben. Anhand ausgewählter Beispiele werden die Leistungsfähigkeit und die Grenzen dieser Methode aufgezeigt und ihre Bedeutung für die Spurenanalytik im Vergleich mit anderen spurenanalytischen Methoden dargestellt. Beide Beiträge ergänzen sich sinnvoll, so daß sich der Leser einen guten Überblick über die Funkenquellen-Massenspektrometrie verschaffen kann. Dies gilt auch für den sehr informativen Beitrag von *A. Lodding* (Göteborg) über Trends und Entwicklungen in der Sekundärionen-Massenspektrometrie, in dem nach einer Erläuterung der wichtigsten Parameter der SIMS neuere Forschungsergebnisse vorgestellt und kritisch diskutiert werden.

In einer Reihe von Originalarbeiten werden Ergebnisse der Umweltanalytik vorgestellt, u. a. zur automatischen Analyse von Säuren und Halogenkohlenwasserstoffen in Seewasser, zum Einsatz der hochauflösenden Gaschromatographie, zur Anwendung der Ionenchromatographie und qualitativer und quantitativer Methoden zur Kontrolle von Asbestverunreinigungen in der Umwelt. Weitere Arbeiten befassen sich mit neueren analytischen Ergebnissen der *Raman*-Spektroskopie, der Polarographie und der rechnergekoppelten Infrarot-Spektroskopie.

Alle 16 Beiträge dieses Bandes erlauben dem Leser, sich einen guten Überblick über den Stand und den Trend jedes der ausgewählten Teilgebiete der analytischen Chemie zu verschaffen.

Das Buch ist allen Analytikern und Studenten, welche einen Einblick in die wichtigsten Techniken und Anwendungen der analytischen Chemie gewinnen wollen, zu empfehlen.

H.-J. Dietze

Elektrolytgleichgewichte und Elektrochemie

G. Ackermann, W. Jugelt, H.-K. Möbius, H. D. Suschke, G. Werner, 3. durchgesehene Auflage, Leipzig: VEB Deutscher Verlag für Grundstoffindustrie 1983. 292 S., 83 Abb., 66 Tab. (Lehrwerk Chemie, Lehrbuch 5); M 20,50 (DDR); M 32,— (Ausland)

Im Rahmen des Lehrwerkes Chemie behandelt das nun in 3. Auflage vorliegende ‚Lehrbuch 5' Elektrolytgleichgewichte und bringt darüber hinaus eine Einführung in die Elektrochemie. Ausgehend vom Begriff der Lösung werden die grundlegenden Gesetzmäßigkeiten der Elektrolyttheorie — Dissoziation, Leitfähigkeit, die Thermodynamik von Elektrolytlösungen und die Theorie der interionischen Wechselwirkung — dargestellt.

Die mit den Elektrolyten in unmittelbarem Zusammenhang stehenden elektrochemischen Gleichgewichte wurden in das Lehrbuch einbezogen. Dabei werden die für die analytische Chemie wichtigen potentiometrischen Verfahren, die Grundlagen ionen- und gasselektiver Elektroden und die elektrochemischen Analysenverfahren, wie Elektrogravimetrie, Coulometrie, Polarographie und die amperometrische Titration, behandelt.

Den Hauptteil des Buches nimmt die Darstellung spezieller Lösungsgleichgewichte ein. Im einzelnen werden Säure—Base-, Redox-, Fällungs-, Komplex-, Extraktions- und Ionenaustauschgleichgewichte beschrieben. Neben den allgemeinen Grundlagen der verschiedenen Gleichgewichtstypen werden Anwendungen auf den Gebieten der analytischen und technischen Chemie erläutert. Damit ist das Buch eine ausgezeichnete Einführung in die moderne chemische Analytik.

Die Erarbeitung des Stoffes wird erleichtert durch die übersichtliche Gliederung des Textes, die gründliche Definition von Begriffen, viele Hinweise auf logische Zusammenhänge zwischen den einzelnen Kapiteln, Kontrollfragen zu den verschiedenen Abschnitten und die konsequente Anwendung der SI-Einheiten.

Das Buch wendet sich in erster Linie an Studierende als eine moderne und umfassende Einführung in die Chemie der Gleichgewichte. Darüber hinaus ist es auch für den in der Praxis auf dem Gebiet der Analytik tätigen Chemiker und Ingenieur von Nutzen, einmal wegen der zahlreichen Tabellen über Fundamentalkonstanten, Gleichgewichtskonstanten und Reagenzien, zum anderen, um Grundlagenkenntnisse aufzufrischen oder zu vertiefen.

Der Wert des Buches könnte durch Hinweise auf moderne Monographien und Übersichtsliteratur zu den einzelnen Abschnitten wesentlich erhöht werden. Das gilt z. B. für die Extraktions- und Ionenaustauschgleichgewichte, deren gegenwärtige Bedeutung als Trennverfahren auf 15 Seiten zwangsläufig nur unvollständig dargestellt werden kann.

G. Pfrepper

Chemische Technologie
Band 3: Anorganische Technologie II

Hrsg.: H. Harnisch, R. Steiner, K. Winnacker. 4. Auflage, München/Wien: Carl Hanser Verlag 1983. 677 S., 328 Abb.. 124 Tab., 1194 Lit. (engl./deutsch), DM 470.—

Der „Winnacker" gehört seit dem Erscheinen der 1. Auflage 1950 zum Standardwerk der chemischen Technologie. Seit der Herausgabe der 3. Auflage dieses Werkes haben sich auch so viele anorganische Verfahren verändert bzw. sind neu in die Produktion übergeführt worden, daß eine Neuauflage notwendig war, um dem Niveau eines Standardwerkes gerecht zu bleiben. Auch bei der 4. Auflage wurde die bewährte stoffliche Gliederung beibehalten. Dieser Band enthält die Abschnitte: Aluminiumverbindungen, Siliciumverbindungen, Glas, Keramik, Zement/Kalk/Gips, Kohlenstoffprodukte, anorganische Pigmente, elektronische Halbleitermaterialien, Kernbrennstoffe/Kernbrennstoffkreislauf, Wasser, Verflüssigung und Trennung von Gasen.

Entsprechend der überragenden Bedeutung der Mikroelektronik auch für die chemische Technik wurde erstmals ein Abschnitt „elektronische Halbleitermaterialien" aufgenommen und in hervorragender und übersichtlicher Weise die Gesamtproblematik der Herstellung, Reinigung und Dotierung abgehandelt. Eingehend werden die Verfahren zur Herstellung von Silicium mit Solarqualität für einen alternativen Weg der Energiebereitstellung beschrieben (ERDA-Programm). In das Konzept fügt sich auch wegen der wachsenden Bedeutung die Kernspaltung zur Energieerzeugung mit der gegenüber der 3. Auflage wesentlich erweiterten Darstellung der anorganisch-technologischen Probleme sowohl der Urananreicherung, der Herstellung von Brennelementen als auch der Wiederaufbereitung einschließlich der Abfallbehandlung sehr gut ein. Bei den angeführten Beispielen der Anwendung von Radionukliden sollten bei einer Neuauflage einige grundlegende Arbeiten von z. B. *J. S. Charlton*, *H. Vogg*, *E. Broda*, oder *J. Thyn* zur Erleichterung einer gezielten Information mit zitiert werden (Tab. 7, S. 525). Die Abschnitte Wasser und technische Gase, die auf Grund der universellen Anwendung für das Gesamtgebiet der chemischen Technik von Bedeutung sind, werden abschließend einschließlich chemischer und physikalisch-chemischer Grundlagen unter modernen technologischen Aspekten wie z. B. Kreislaufführung, Mehrfachnutzung von Wasser oder kryo- bzw. kerntechnische Anwendung von Gasen dargestellt.

Die umfangreiche Literatur ist bis 1981 erfaßt und erleichtert dem Leser wesentlich das Quellenstudium; wichtige Produktionszahlen wie z. B. der Durchsatz von Wiederaufbereitungsanlagen (S. 514) reichen bis 1982.

Der rezensierte Band bzw. die gesamte 4. Auflage sollte wegen der Aktualität und des großen Informationsgehaltes zum ständigen Arbeitsmaterial der wissenschaftlichen Mitarbeiter gehören, die sich mit der Bearbeitung chemisch-technologischer Probleme beschäftigen.

Die private Anschaffung ist wegen der hohen Qualität zwar sehr zu empfehlen, wegen des hohen Preises aber kaum zu erwarten. *H.-G. Könnecke*

Formeln der Technik

H. Netz, A. Paul. München: Carl Hanser-Verlag 1983, 2. Auflage. 501 S., 703 Abb. und Übersichten; geb. DM 36,–

Das Nachschlagewerk liegt in einer vollständig neu bearbeiteten und erweiterten Ausgabe vor. Es enthält eine umfangreiche Sammlung knapp kommentierter Formeln aus praktisch allen Gebieten des Ingenieurwissens. Im Kapitel 1: „Formeln der technischen Mechanik und Physik" werden die Abschnitte: Mechanik des festen Körpers — Mechanik der Flüssigkeiten — Mechanik der Gase — Thermodynamik — Wellenlehre und Akustik — Optik — Atomphysik, Kerntechnik und Relativitätstheorie — Elektrizitätslehre und Magnetismus sowie Elektrische Maschinen abgehandelt. Das Kapitel 2: „Formeln der Bauelemente von Maschinen und Anlagen" enthält die Abschnitte: Bausteine und Schaltungen der Elektronik — Festigkeit der Bauteile — Verbindende Elemente — Stützende und führende Elemente — Antriebselemente — Gesperre, Schaltkupplungen und Bremsen sowie Druckorgane und Rohrleitungselemente. Der erste Abschnitt dieses Kapitels ist neu aufgenommen, womit der sprunghaft zunehmenden Bedeutung dieser Bauelemente Rechnung getragen wird.

Der den Isotopentechniker besonders interessierende Abschnitt „Atomphysik, Kerntechnik und Relativitätstheorie" enthält in den Unterabschnitten: Radioaktivität — Ionisierende Strahlen — Atomkerne, Kernreaktionen und Neutronen, Kernreaktoren die wesentlichsten jeweils zugehörigen Beziehungen, begonnen mit dem Gesetz des radioaktiven Zerfalls über die Ionen-Dosis-Leistung eines γ-Strahlers, die Massen- und Energiebilanz einer Kernreaktion bis hin zur Aktivierung eines Materials durch einen Neutronenfluß.

Alle Abschnitte sind zwecks besserer Übersicht nochmals untergliedert. Den je Teilabschnitt zusammenhängend wiedergegebenen Formeln folgen eine Übersicht der verwendeten Formelzeichen und Einheiten und durch farbigen Druck hervorgehobene Berechnungsbeispiele.

Durchgängig finden die SI-Einheiten Anwendung. In einer vorangestellten Tabelle sind die mechanischen, wärmetechnischen und elektrischen Größen in neuen und alten Einheiten aufgeführt. Leider wurde hier auf die in der ersten Auflage an dieser Stelle angegebenen zugehörigen Umrechnungen verzichtet, auf die vielfach noch gern zurückgegriffen wird.

Das Buch ist jedem Ingenieur und Techniker, aber auch den Wissenschaftlern der einschlägigen Fachrichtungen ein vorzügliches Nachschlagewerk und Hilfsmittel.

J. Holzhey

Strahlenschutz geht alle an
Ernste Texte mit heiteren Bildern

F. Wachsmann 2. Aufl., München: Karl Thiemig AG 1984. 218 S., zahlr. Bilder (Thiemig-Taschenbücher Bd. 98) kart. DM 18,–

Dieses Buch ist für den Nichtfachmann geschrieben. Die weitverbreitete Anwendung ionisierender Strahlung in Medizin, Forschung und Technik sowie die Nutzung der Kernenergie rückt den Strahlenschutz in den Blickpunkt der Öffentlichkeit. Strahlenschutz geht tatsächlich alle an.

Es ist das erklärte Ziel des Autors (und des Zeichners der „heiteren Bilder"), möglichst viele zu erreichen. Deshalb wurde eine leicht verständliche, durch Bilder aufgelockerte Form gewählt, die ohne jede mathematische Beziehung auskommt. Die neueste Literatur und Empfehlungen der Internationalen Strahlenschutzkommission wurden in dieser 2. Auflage berücksichtigt.

Behandelt werden: Aufbau der Materie, Strahlung und Dosis, Grundlagen des Strahlenschutzes, Gesetzliche Vorschriften, Technische Möglichkeiten für den Strahlenschutz, Strahlenschutz in der Medizin, Strahlenschutz in der Industrie und Technik, Strahlenschutz in der Landwirtschaft, Strahlenschutz bei der Polizei und beim Personal von Hilfsorganisationen, Strahlenschutz bei der Feuerwehr, Strahlenschutz bei Kernkraftwerken, Strahlenschutz in der Schule, Strahlenschutz und Strahlengefahr in der Luft- und Raumfahrt, Strahlenexpositionen im täglichen Leben, Strahlengefahren im Atomkrieg, Dekontamination, Endbeseitigung radioaktiver Abfälle, Ärztliche Hilfe. In den Schlußbemerkungen wird auf Sorglosigkeit und Fehlverhalten, Unbegründete Strahlenangst, Strahlenrisiko im Vergleich mit anderen Gefahren des täglichen Lebens eingegangen.

Gut für den Nichtfachmann ist, daß am Schluß eine Reihe von wichtigen Begriffen erklärt wird. Eine Aufstellung von zusammenfassender, nach Fachgebieten geordneter Literatur ermöglicht dem Interessierten ein tieferes Eindringen in die behandelte Thematik.

Als Resumé werden die Aufgaben des Strahlenschutzes folgendermaßen benannt:

„1. Die Unvorsichtigen und Leichtsinnigen warnen, bevor es zu spät ist.
2. Anleitungen geben, wie man mit Strahlen arbeiten muß, ohne sich und andere zu gefährden.
3. Überwachen und helfen, wo ein Strahlenunfall geschehen ist.
4. Die Überängstlichen beruhigen und damit dafür sorgen, daß Strahlen überall dort verwendet werden, wo sie helfen können."

Man darf dem Autor bescheinigen, daß er mit dem vorliegenden Buch einen wertvollen Beitrag zur Erfüllung dieser Aufgaben geleistet hat. *K. Hübner*

ISOTOPENPRAXIS

Volume 20 1984 Number 12

Contents

Articles

From Practice

Inhalt

Originalarbeiten

Aus der Praxis

Isotopenpraxis is indexed in Current Contents/PC & ES, Science Citation Index, and INIS Atomindex

Kolibri 360 GmbH
Ferdinand-Jühlke-Straße 7
99095 Erfurt, Deutschland
produktsicherheit@kolibri360.de